“十二五”普通高等教育本科国家级规划教材

高 等 院 校 计 算 机 基 础 教 育 精 品 系 列 规 划 教 材

# C 语言程序设计教程习题与上机指导

## （第 3 版）

主　编　王树武

编　著　王树武　刘桂山

　　　　陈朔鹰

主　审　薛　庆

北京理工大学出版社

BEIJING INSTITUTE OF TECHNOLOGY PRESS

**图书在版编目（CIP）数据**

C 语言程序设计教程习题与上机指导/王树武主编. —3 版 . —北京：北京理工大学出版社，2021.1 重印

ISBN 978 - 7 - 5640 - 6556 - 0

Ⅰ. ①C…　Ⅱ. ①王…　Ⅲ. ①C 语言-程序设计-高等学校-教学参考资料　Ⅳ. ①TP312

中国版本图书馆 CIP 数据核字（2012）第 186917 号

出版发行 / 北京理工大学出版社
社　　址 / 北京市海淀区中关村南大街 5 号
邮　　编 / 100081
电　　话 / (010) 68914775 (办公室)　68944990 (批销中心)　68911084 (读者服务部)
网　　址 / http:// www. bitpress. com. cn
经　　销 / 全国各地新华书店
印　　刷 / 三河市华骏印务包装有限公司
开　　本 / 787 毫米 × 1092 毫米　1/16
印　　张 / 17. 25
字　　数 / 398 千字　　责任编辑 / 陈莉华
版　　次 / 2021年1月第3版第11次印刷　　责任校对 / 周瑞红
定　　价 / 39. 00 元　　责任印制 / 王美丽

# 前言

《C 语言程序设计教程习题与上机指导》作为《C 语言程序设计教程》的配套书，自2001 年出版以来，受到了广大读者的关注，尤其是在多所高校本科教学中使用受到广泛好评，本教材入选为首批“北京市精品教材”。在此，谨对广大读者的支持和鼓励表示最诚挚的谢意。

本书的目的是配合课堂教学，指导学生上机实践和课后复习。根据这一主旨，2004 年再版时对第三部分的习题进行了调整，本次第 3 版时又进行了进一步的修订。

第 3 版将第一部分的开发环境调整为 Microsoft Visual C ++ 6.0，第二部分上机实验环境也改为 Microsoft Visual C ++ 6.0。因为篇幅所限，对 Microsoft Visual C ++ 6.0 仅限于基本的编程学习所需的内容。考虑到读者的需要，本书对 Microsoft Visual C ++ 6.0 的介绍以英文版本为准，各种操作配有中文解释，并对各菜单项列出中文的功能说明。

在第三部分的习题中，对单项选择题参考答案中的注释进行了修改，删除对基本语法规则的解释，增加了实际编程中常见问题的分析；对编写程序题的题目顺序按习题的考核重点进行了调整，便于学生有针对性地练习。

《C 语言程序设计教程习题与上机指导》（第 3 版）由王树武主编，第一部分由王树武编写，第二部分由刘桂山、王树武编写，第三部分由陈朔鹰、王树武编写。北京理工大学薛庆老师认真审阅了全书，提出了许多宝贵意见和修改建议。在本书的修订过程中，一直得到了北京理工大学教务处和北京理工大学出版社的大力支持和帮助，在此一并表示衷心感谢。

由于作者水平有限，书中一定存在不少错误和不妥之处，敬请读者批评指正。

编著者

2012 年 7 月

# 目　录

# 第一部分　VC 开发环境

Microsoft Visual C++ 6.0（以下简称 VC 开发环境）是目前流行的面向 C/C++ 语言软件开发工具之一，本书读者对象为 C 语言初学者，书中主要介绍 VC 开发环境的基本使用方法，帮助学生初步学会编写和调试程序，如果读者要进一步深入学习，请参阅有关专著。

## 一、VC 开发环境简介

### 1. 程序的开发过程

用高级语言编写的程序称为源文件，需要将其转换为二进制机器代码才能在计算机上运行。转换过程分为编译和连接两步进行，首先对源文件进行编译，生成的文件称为目标文件，然后将相关的若干目标文件、库文件等进行连接，生成的文件称为可执行文件。可执行文件才可以在计算机上运行。这个过程如图 1.1 所示。

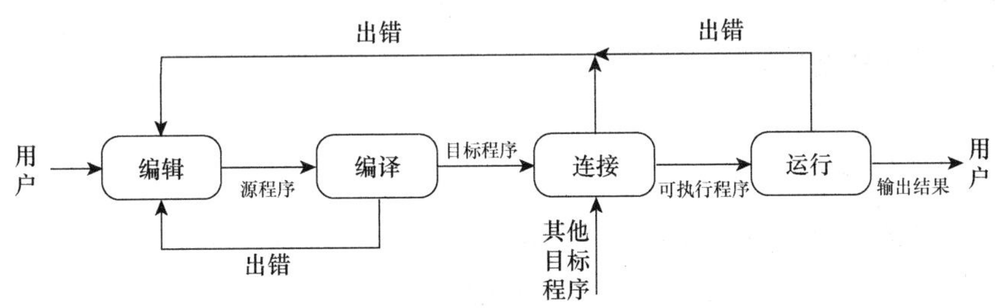


图 1.1　程序开发过程示意图

上述过程按以下步骤进行：

（1）编辑源程序。

用户使用文本编辑软件输入新的源程序（. c/. c++ 文件）或对已有源程序文件进行修改。

（2）编译源程序。

由编译器对源程序进行编译，生成目标文件（. obj 文件），进入下一步；如果在编译中出现错误，则回到第（1）步修改源程序，再进行编译，直到没有编译错误，进入下一步。

（3）连接目标程序。

由连接软件对生成的目标程序、调用的库文件及其他目标程序等连接成可执行文件（. exe 文件），进入下一步。如果在连接时发生错误，而且是开发的源程序的问题，则返回到第（1）步进行修改；如果是其他的库文件、目标文件的问题，则修正错误后再进行连接。重复（2）、（3）步骤，直到程序没有连接错误，进入下一步。

(4) 运行可执行程序。

运行程序，得到运行结果，如果程序满足功能要求，则工作结束；如果程序运行结果不正确，则表明源程序还存在逻辑问题，需要进行修改，要返回到第（1）步；重复（1）、(2)、(3)、(4) 步骤，直至程序运行结果完全正确为止。

## 2. VC 开发环境界面

VC 开发环境延续了微软公司的风格，整个程序开发过程在可视化环境下进行，根据开发工作的需要提供了相应的操作窗口、对话框和功能工具条等。

在如图 1.2 所示的主界面下，在主菜单、工具栏下面是工程工作区（Workspace）窗口、程序编辑区窗口及输出区（Output）窗口。

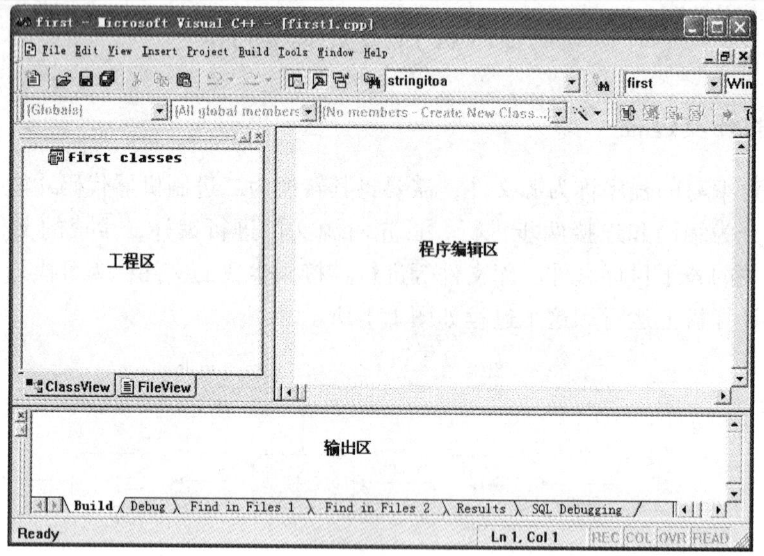


图 1.2　VC 开发环境主界面

(1) 工程工作区窗口。

VC 开发环境将一个应用程序定义为一个工程（Project），VC 开发环境为特定的工程建立一个存储空间（Workspace），用以存放开发过程中生成的一系列文件。

工程工作区有两页，与 C 语言程序开发有关的是“Fileview”页。单击“Fileview”页签，工程工作区窗口显示与工程相关的文件，如图 1.3 所示。

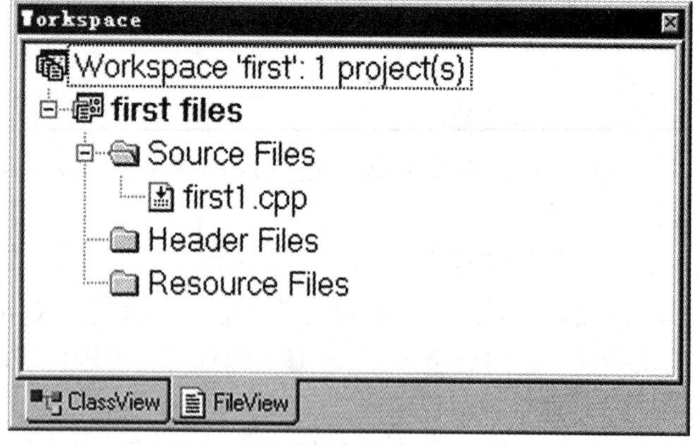


图 1.3　工程工作区窗口

在窗口中显示源程序文件、头文件、库函数文件的路径及文件名。

（2）程序编辑区窗口。

程序编辑区窗口提供了一个显示、编辑文件的空间，提供给用户输入、修改源程序及其他文件，如图 1.4 所示。单击工程工作区里的文件名可将文件在程序编辑区打开。

```
first1.cpp
#include <stdio.h>
#include <math.h>
int fun(int n)
{
    int i,y=0;
    for( i=2; i<n; i++ )
        if( n%i == 0 )
            y = 1;
        else
            y = 0;
    return y;
}
void main()
{
    int a=0,k;
    double av;
    for( k=2; k<=1000;k++ )
        if( fun(k) )
            a += k;
        av = a/1000.0;
    printf("av=%f",av);
}
```

图 1.4　程序编辑区窗口

（3）输出区窗口。

输出区窗口有 6 页，用于显示程序开发过程中的各类信息。图 1.5 输出区窗口的“Build”页显示程序编译、连接、运行中的信息。

```
Output
--------------------Configuration: first - Win32
Compiling...
first1.cpp
D:\first\first1.cpp(8) : error C2065: 'b' : unde
Error executing cl.exe.

first1.obj - 1 error(s), 0 warning(s)

Build | Debug | Find in Files 1 | Find in Files 2 | Results | SQL
```

图 1.5　输出区窗口

### 3. 程序的组建

VC 开发环境将程序的编译、连接、运行统称为组建（Build），在主界面的“Build”菜单项下包括编译、连接、运行等功能项，选择相应的选项可以完成相应的功能。

为了操作的方便，VC 开发环境提供了快捷操作的“Build”工具条，如图 1.6 所示。

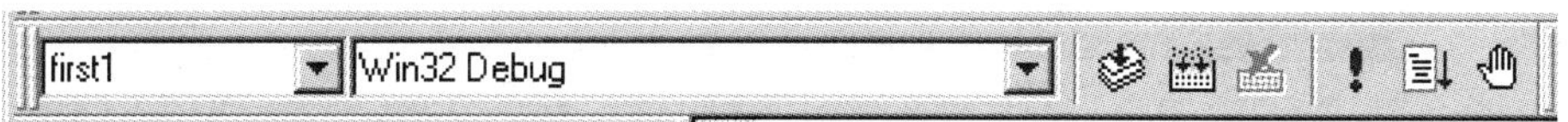


图 1.6　组建工具条

其中“ ”是编译（Compile）按钮，“ ”是连接（Build）按钮，“ ! ”是运行（Execute Program）按钮，还有一个“ ”按钮，用于终止编译连接（Stop Build）。

在VC开发环境的主界面上是否显示“Build”工具条，可在主菜单的“Tools”项下的“Customize”选项里定制。选择“Customize”后弹出一个对话框，其中的“Toolbars”页用于定制各种工具条，包括现在介绍的组建（Build）工具条，还有下一节介绍的调试（Debug）工具条。在主界面上方的工具栏的空白处单击鼠标右键，可以定制常用的窗口和工具条，如图1.7所示。

图1.7　快捷定制

在调试过程中，调试的结果显示在屏幕下方的输出窗口中，如图1.8所示。图中的程序编辑区，主函数调用一个名为“fun”的函数，该函数被说明为无返回值，但是在这个函数里又写了返回语句“return y;”，所以给出了错误信息:'void' function returning a value。用鼠标箭头单击输出窗口中的这个错误信息，在程序编辑窗口中，对应这个错误的那条语句用蓝色箭头标出。

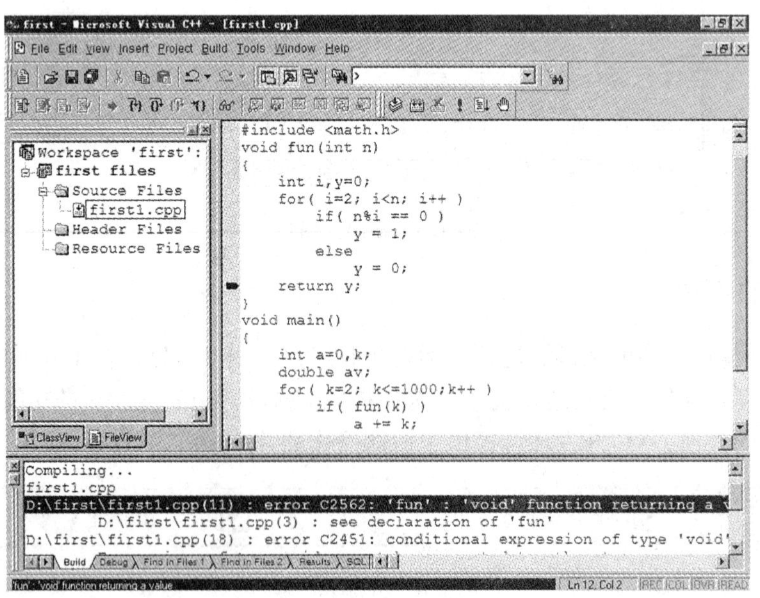


图1.8　错误信息显示

### 4. 程序的调试

当程序以调试方式运行时，程序可以在用户的指令下运行，且整个运行状况都是可控可观察的。在调试程序的时候，VC 开发环境提供了强大的手段，使开发者能随时掌握调试进度，及时发现程序中的错误。

下面介绍常用的调试手段：单步执行、设置程序的断点、设置观测变量。

调试工具条如图 1.9 所示。

图 1.9 调试工具条

（1）单步执行。

所谓单步执行就是程序可以一条语句一条语句地执行，观察程序实际的执行路径与预期是否一致，便于发现程序中的错误。

与单步执行有关的按钮有 5 个，它们的作用分别如下所述：

：Show Next Statement。标在某条语句的前面，表示待执行的语句；

：Step Over（F10 键）。单击一次执行一条语句，当遇到函数调用语句时，被调函数按一条语句对待，不跟进到被调函数内部；

：Step Into（F11 键）。单击一次执行一条语句，当遇到函数调用语句时，跟进到被调函数内部，继续在被调函数内单步执行；

：Step Out（Shift + F11 组合键）。单击一次执行当前函数的全部语句，然后返回到主调函数的调用语句下面的一条语句；

：Run to Cursor（Ctrl + F10 组合键）。单击后从“ ”所标示的语句一直执行到屏幕光标所在的语句。

（2）设置断点。

在程序调试的过程中，可能前面的语句或者是程序的某一部分已经没有错误，能够正常运行，现在需要对未调试的部分单步执行，这时就可以设置一些断点，让程序从当前语句开始自动执行到断点处暂停下来，根据需要可以从暂停处再单步执行，或者运行到下一个断点。

与设置断点相关的按钮有 4 个，它们的作用如下：

：Insert/Remove Breakpoint（F9 键）。设置/取消断点，如果光标所在的语句没有设置断点，单击此按钮后，该语句被设置为断点；如果光标所在的语句已经被设置为断点，单击此按钮后，取消该断点。当程序的某一句被设为断点后，其前面有一个暗红色的圆点作为标记；

：Go（F5 键）。从程序的当前位置运行到断点，注意断点所指向的语句没有执行；

：Restart（Ctrl + Shift + F5 组合键）。从程序当前位置返回到程序的起始位置，等待重新开始运行；

：Stop Debugging（Shift + F5 组合键）。中断程序当前的运行，程序从内存中退出。

（3）观测变量。

VC 开发环境提供堆栈调用（Call Stack）、内存（Memory）、变量（Variables）、寄存器

(Registers)、反汇编（Disassembly）和观测（Watch）窗口。在主菜单的“View”选项下可以开关这些窗口。

对于C语言初学者来说，需要了解观测窗口、变量窗口的用法。

在程序调试状态下，变量窗口中显示变量的即时状况，如图1.10所示，屏幕中左下方是变量窗口，右下方是观测窗口。

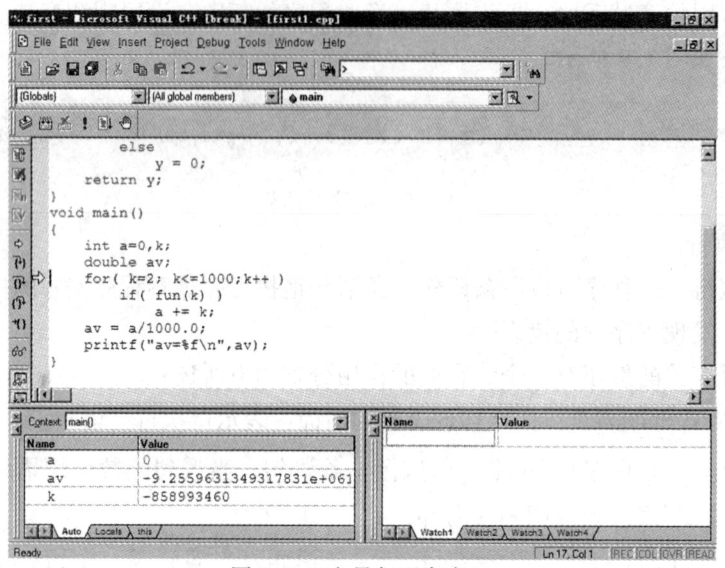

图1.10　变量与观察窗口

图1.10中，“➪”指示在第一条可执行语句处，此时程序已经被调入内存，并已为变量a、k、av分配了内存。因为变量a已赋初值0，故显示0，而没有对变量k、av赋初值，在“Value”栏显示的是残留在内存里的数据。

图1.11中右下侧是观测窗口，可以输入要观察的变量名或者表达式，Value中会显示出对应的值。

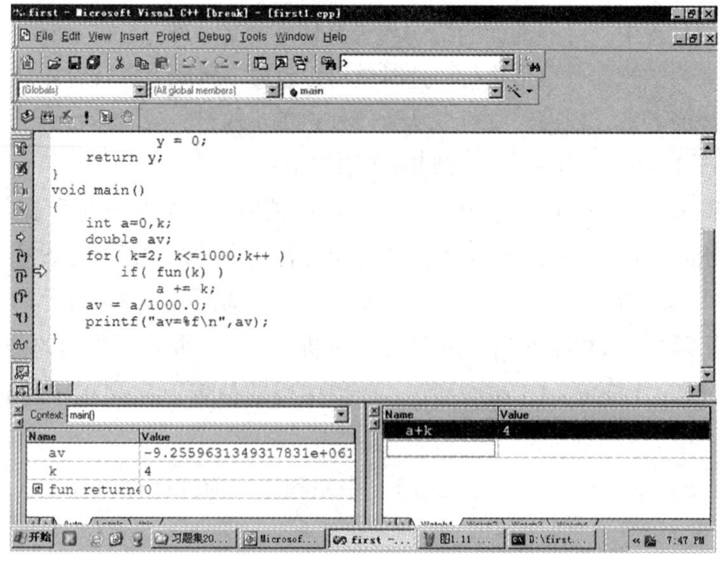

图1.11　利用观测窗口观察变量值

# 二、建立工程

使用 VC 开发环境编写 C 语言程序，必须要建立一个工程（Project）对开发的文件进行管理。建立工程后，将在存储空间内建立一个文件夹，相关的文件都保存在这个文件夹里。

## 1. 建立一个新的工程

打开 VC 开发环境的启动界面后，选择主菜单“File”下的“New”菜单项，或直接按 Ctrl + N 组合键，打开新建（New）对话窗口，如图 1.12 所示，左侧是属性复选框，右侧是输入栏。

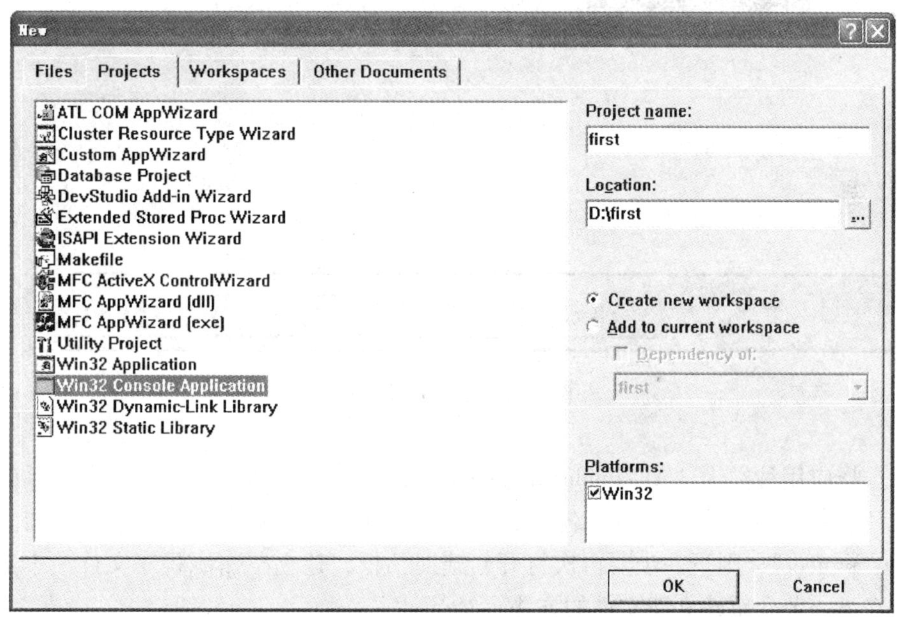


图 1.12　新建对话框

新建对话窗口中的属性复选框有“Files”“Projects”“Workspaces”“Other Documents”四页。

建立工程时，选择“Projects”页，在窗口右侧的项目名（Project name）栏中输入项目名，例如输入“First”。在下面的位置（Location）栏中输入“First”项目存放的路径，本例选择 D 盘的根目录。因为要为这个项目开辟一个独立的文件夹，接下来点选“Create new workspace”选项。如果要将这个项目存放在一个已有的文件夹中，则在位置栏中要选定已有的文件夹名。

“Workspaces”页是确定工程工作区，建立相应的文件夹。在一个工程工作区中可有多个工程项目。为简单起见，本书在一个工程工作区中只保存一个工程，工程工作区名缺省时为项目名。

利用 VC 开发环境可以开发不同类型的应用程序，对于开发 C 语言应用程序，在左侧属性列表中选择“Win 32 Console Application”（Win32 控制台应用程序）。

输入完毕，单击“OK”按钮，进入下一界面，如图 1.13 所示。

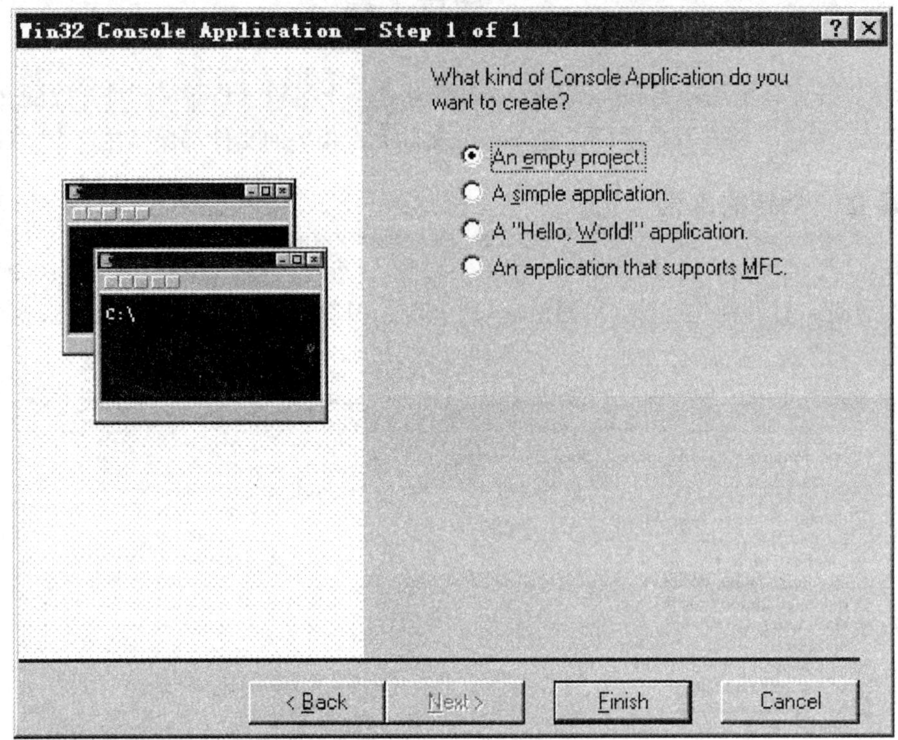


图 1.13　确认新建工程

如果选择应用种类为“A sample application”，则系统自动为你建立一个简单的源程序文件，文件名就是刚才输入的项目名，下一步可以打开这个源程序文件进行编辑了。选择“An empty project”，则下一步要再次打开新建对话框，建立空白源程序文件。本文选择这个选项，在下一节介绍建立新文件的方法。

单击完成“Finish”键，工程创建完毕，工程文件夹内有 4 个文件，它们是：

first. dsw：是工程工作区文件，双击此文件，即可打开此工程；

first. dsp：是项目文件，在一个工程工作区中可有多个项目文件；

first. opt：是系统自动生成的用来存放工程工作区各种选项的文件；

first. ncb：是系统自动生成的文件，保存一些系统组建的信息。

在工程工作区文件夹中还有一个“Debug”子文件夹，保存程序调试过程中生成的文件。

## 2. 打开一个原有的工程

如果工程项目已经建立并保存在文件夹中，双击选定的扩展文件名为“dsw”的工程文件，如图 1.14 所示，就可以打开该文件。

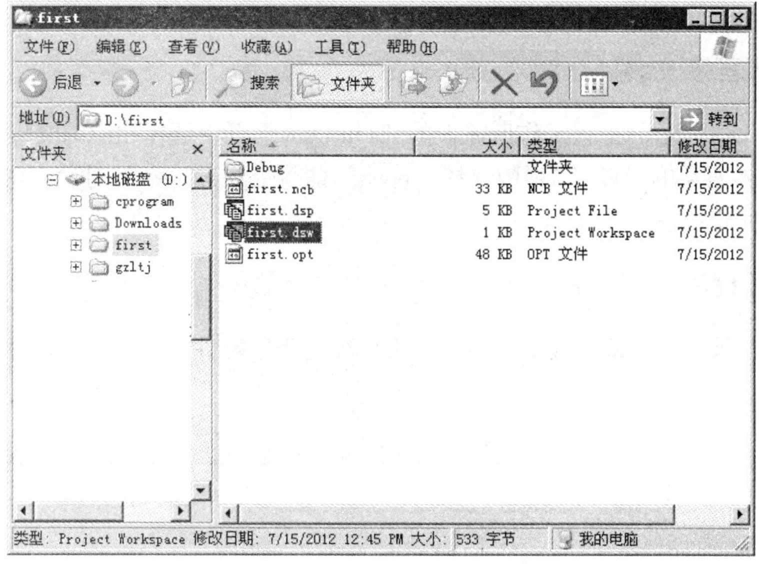


图 1.14 打开已有工程

### 3. 利用源程序文件建立一个工程

如果已经编辑好了一个源程序文件，使用 VC 开发环境进行编译、连接，可以将该文件装入开发环境的程序编辑区，装入的方法是用 VC 开发环境打开该文件。

在 VC 开发环境中对源程序文件编辑完毕后，单击“编译”按钮后，系统会弹出一个对话框，如图 1.15 所示。

图 1.15 确认建立工程工作区对话框

单击“是（Y）”按钮后，系统建立一个与源程序文件同名的工程文件，工程工作区就是原来源程序所在的文件夹。

## 三、编辑源程序

将源程序装入 VC 开发环境的程序编辑区对源程序进行编辑。

### 1. 新建源程序文件

选择主菜单的“File”选项中的“new”命令，在“New”对话框中，选择“Files”属性页的“C/C++ Source File”，在右侧的“File name”栏中输入文件名，例如输入源程序文件名为“first”，单击“OK”按钮即可。

### 2. 打开源程序文件

（1）在图 1.3 所示的工程工作区窗口的“FileView”页中选择相应的文件，单击即可。

（2）从主界面菜单“File”项中选择“open”命令，在“open”对话框中选择相应文件名即可打开相关源程序。

### 3. 编辑源程序

在图 1.2 所示的程序编辑区窗口中，可直接编辑程序文件。现将以下程序输入到新建立的 first. cpp 文件中。

例 1.1

```
#include <stdio.h>
int main( )
{
    printf("Hello, world\n");
    return 0;
}
```

### 4. 保存源程序

选择主菜单的“File”项中的“Save”命令，或直接按 Ctrl + S 键，即可保存当前文件。

## 四、组建可执行程序

### 1. 程序的编译、连接、运行

完成源程序的编辑以后，就要对源程序进行编译，然后连接生成可执行程序，再运行可执行程序。在 VC 开发环境中，将这个过程统称为组建（Build）。主菜单的“Build”选项包括有关组建的各个选项，系统还提供了如图 1.6 所示的“Build”组建工具条，单击相应按钮，分别进行编译、连接、运行。

对于前述的例 1.1 程序“first. cpp”，单击组建工具条的运行按钮，则系统自动对程序先进行编译，再进行连接生成可执行程序，最后运行这个程序，程序运行结果如图 1.16 所示。

如果依次单击编译、连接、运行按钮，可以得到相同的结果。

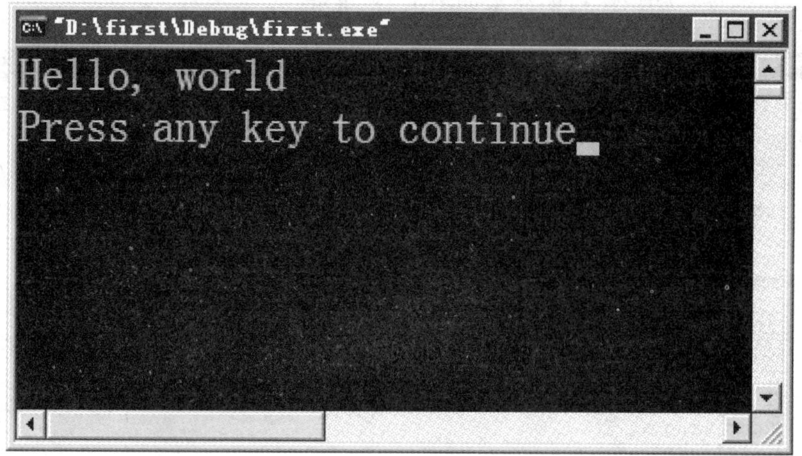


图 1.16 例 1.1 的运行结果

## 2. 输出信息

VC 开发环境提供一个输出窗口，显示程序的组建过程信息，例 1.1 运行后，输出窗口的显示如图 1.17 所示。

```
Output
--------------------Configuration: first - Win32
Compiling...
first1.cpp
Linking...

first.exe - 0 error(s), 0 warning(s)

Build | Debug | Find in Files 1 | Find in Files 2 | Results | SQL
```

图 1.17 输出信息

因为例 1.1 已经成功生成可执行文件，所以窗口最后一行显示 0 个错误，0 个警告。

如果程序包含错误，在编译或连接中发现错误或者程序编写不规范，则在窗口中会显示错误信息或警告信息。

在例 1.1 程序中设置错误，改为如下的程序。

例 1.2

```
#include <stdio.h>
main( )
{
    printf("Hello, world\n );
    return 0;
}
```

对程序进行编译，输出窗口的显示如图 1. 18 所示。

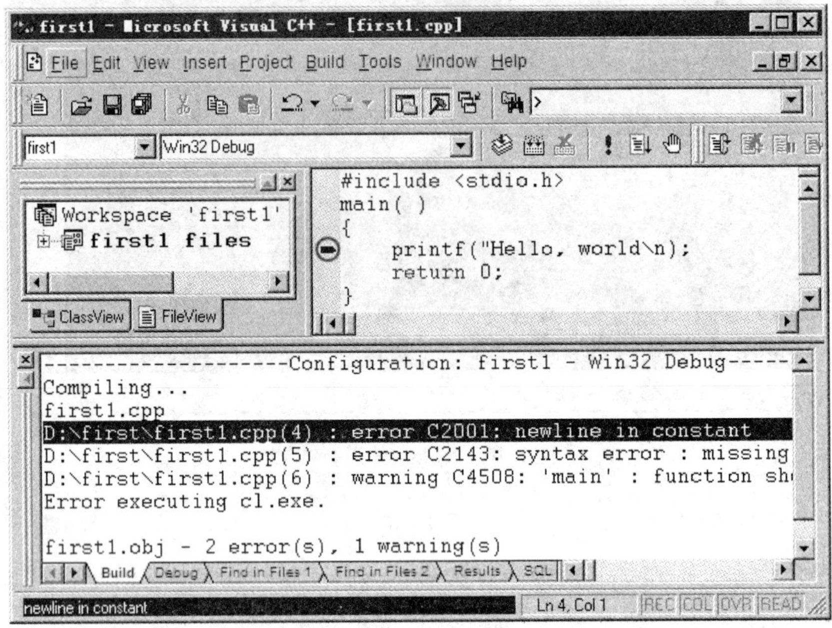

图 1. 18　错误和警告信息

这次编译出现了两个错误和 1 个警告。

编译出现的两个错误是由程序中的一个错误引起的。在程序中调用 printf 函数时少了一个双引号，而警告信息是由于没有说明 main 函数的类型。

双击输出窗口中的某条错误信息，在程序编辑区相应的程序语句前面显示蓝色箭头，见图 1. 18 程序编辑区左侧，便于查找程序中的错误。

上述程序错误是语法错误，所以不能通过编译。有时程序虽然通过了编译，但会在连接阶段出现错误。

例 1. 3

```
#include <stdio.h>
disp( char * );
int main( )
{
    printf("Hello, world\n );
    disp("Hello, world\n);
    return 0;
}
```

例 1. 3 程序调用了函数 disp，程序中没有错误，但函数没有在这个文件中定义，整个工程中也缺少 disp 函数的代码，所以在连接时会出现错误，显示如图 1. 19 所示。

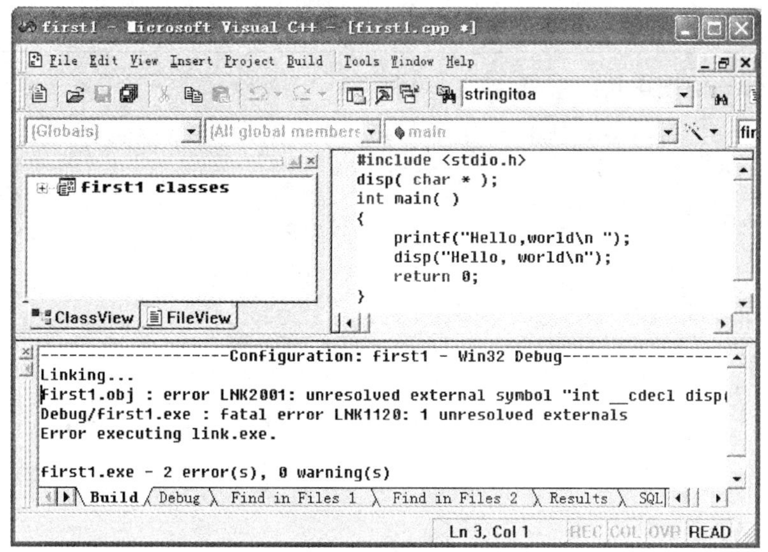


图 1.19　连接错误

错误信息可帮助程序开发者发现程序中的错误，而且不改正错误程序不能通过编译。警告信息虽然不影响程序的运行，但是说明程序编写不规范。建议读者重视出现的警告信息，避免不规范的语句，不断提高自己的编程水平。

## 五、程序的调试

程序经过编译、连接生成可执行程序，可以正常运行了，但是程序还可能包含着错误，其原因是多种多样的，可能是采用的算法有误，或者处理逻辑的错误等，其表现形式就是程序运行后的实际输出结果与预期的不一致。在这种情况下，单纯靠静态的阅读程序很难发现其中的错误，因而要借助一些调试工具确定产生错误的原因。

### 1. 单步执行

所谓程序的单步执行，就是将可执行程序装入内存，在开发环境的控制下，按照操作者的指示，一条语句一条语句地执行程序，其间程序所定义的变量的变化情况可以显示在指定的窗口中。

调试中的单步执行分两种形式，一种是仅在当前函数内单步执行，另一种是跟踪到被调函数内可以继续单步执行。为了方便调试，也可以从一个底层的被调函数跳出，返回到上层主调函数再单步执行。单步执行时，在程序编辑窗口中有一个黄色箭头指向待执行的语句，给一个单步执行指令，该语句被执行，黄色箭头移到下一条语句。

下面以例 1.4 程序说明程序单步执行的过程。

例 1.4

```
#include <stdio.h>
int div(int p1, int p2)
{
    int p;
    p = p1/p2;
    return p;
}
int main()
{
    int i,x;
    float sum=0;
    for(i=1;i<5;i++)
        sum=sum+i;
    x = div(i,i+1);
    printf("1+2+3+4 = %d\n",sum);
    printf("5/6 = %d\n",x);
    return 0;
}
```

程序的功能是输出 1 到 4 的连加和，再输出 5 和 6 的商。程序编译、连接、运行后得到的结果如图 1.20 所示，运行结果显然是错误的。

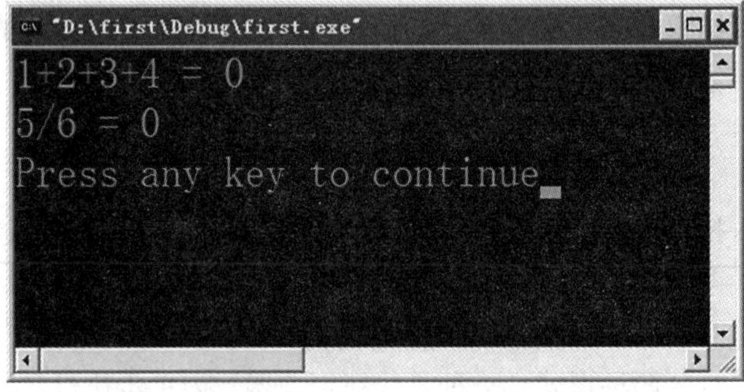


图 1.20　例 1.4 运行结果

单击“ ”（或 F10 键）开始单步执行，注意变量窗口中变量 i、sum 的变化过程，当 i 等于 4 时，sum 的值为 10，如图 1.21 所示。但是继续执行程序，在用户窗口的输出是错误的。因已知变量 sum 值是正确的，则可以判断错误出现在输出语句上，经检查发现 sum 的输出格式错写为%d，应改为%f。

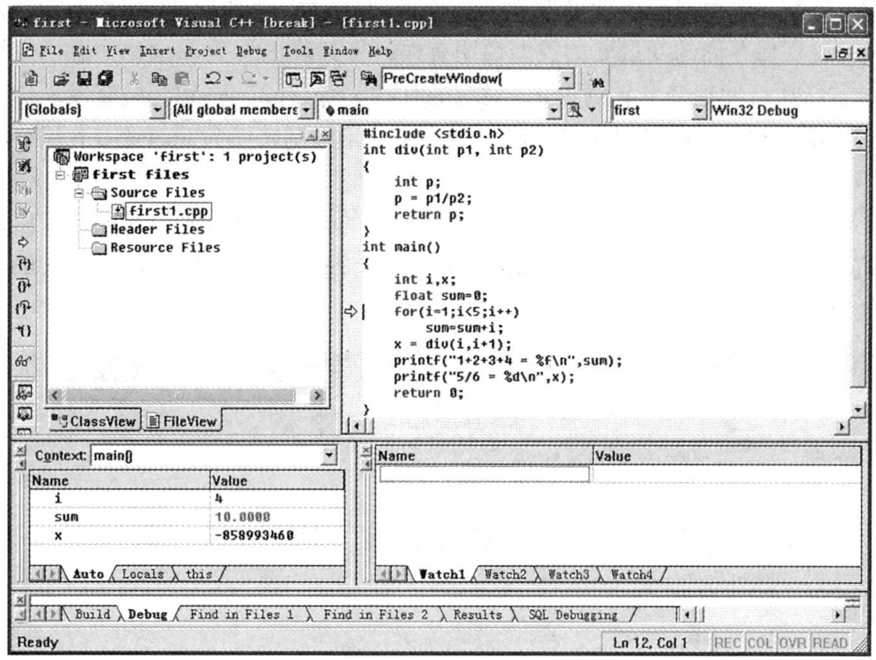

图 1.21　例 1.4 的单步执行

经改正后求和的结果正确，但是除法的结果还是错误的，当执行到调用 div 函数语句时，查看变量 i 的值是 5，调用函数 div 的实参是正确的，则需要查看 div 函数的形参接收的数值是否正确，所以现在单击“{}”（或 F11 键），进入 div 函数单步执行，如图 1.22 所示。

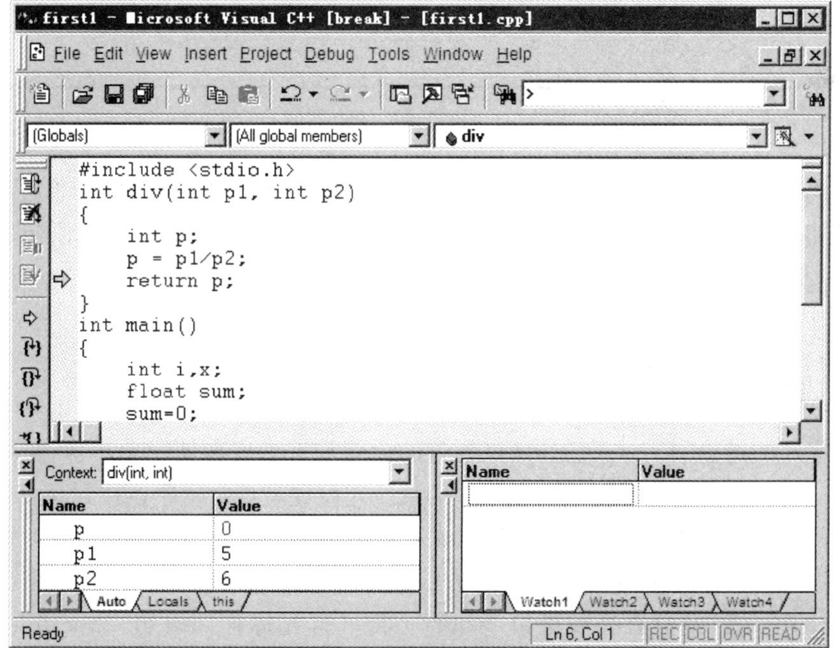

图 1.22　进入被调函数的单步执行

进入 div 函数后继续单步执行可发现，数值 5、6 已经正确传入，做完除法运算后保存的商却是 0。发现保存商的变量 p 的类型说明有误，将其改正为 float 型，注意函数类型也要随之改变。重新执行发现变量 p 仍为 0，对应的有“p = p1/p2”一句。检查发现作为除法的两个运算对象都是整型，故结果也是整型，将一个变量强制转换为 float 型，p 保存的结果就正确了。

例 1.4 经改正后再运行，除法的结果仍然是错误的，单步执行到调用函数返回值，发现保存返回值的变量 x 值却是 0，如图 1.23 所示。经检查发现 x 的数据类型应为 float 型，改正后输出结果正确。

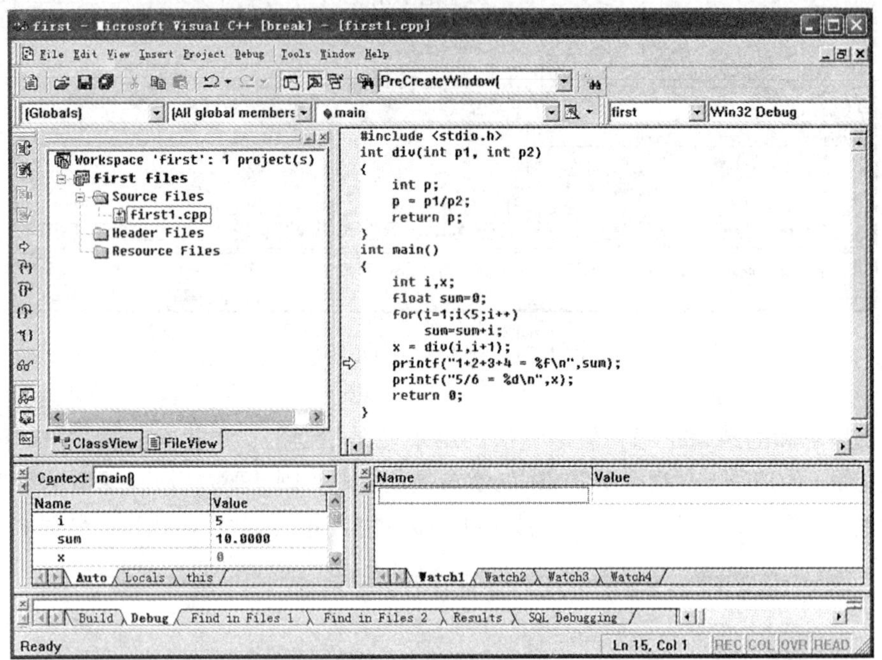


图 1.23　检查函数的返回值

在单步执行调试过程中，还可以从被调函数中跳出，返回到上层函数，单击调试工具条的“![]”按钮（或按 Shift + F11 组合键），黄色箭头返回到主调函数中调用语句后的一条语句。单击“![]”按钮（或按 Ctrl + F10 组合键），则程序从当前暂停处运行到屏幕光标所在的语句。

## 2. 设置断点

在调试程序的过程中，对于已经调试通过的语句没有必要再使用单步执行，VC 开发环境设置了运行到断点的功能，可以在程序中的某一句设置断点，程序运行到断点处暂停，断点及以后的语句再单步执行，这样就可以加快程序的调试。

现在仍以例 1.4 为例说明设置断点的方法。例 1.4 经过修改，求和已经正确，则调用 div 函数以前的语句已经没有必要再单步执行，将屏幕光标移到语句“x = div(i,i + 1);”处，单击组建工具条中的“![]”按钮（或 F9 键），在该语句前显示一个暗红色圆点，如图 1.24 所示。

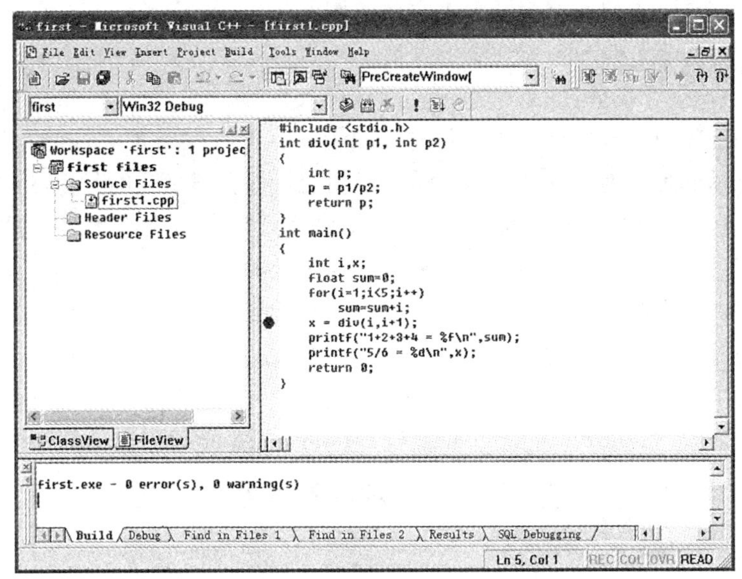


图 1.24　设置断点

设好断点后，单击组建工具条上的“ ”按钮（或 F5 键），则程序从开始位置运行到断点处暂停，这时指示待执行语句的黄色箭头与暗红色圆点重合，如图 1.25 所示。

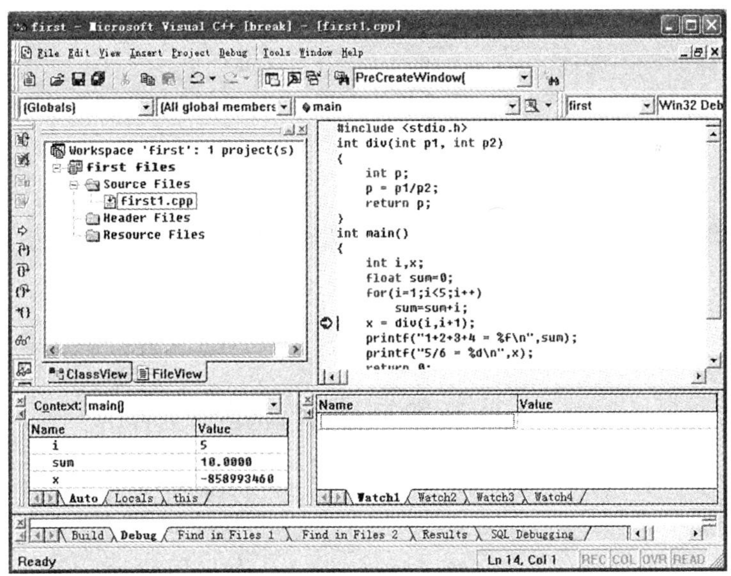


图 1.25　程序运行到断点

取消断点的方法是将屏幕光标移到已设断点处，再单击“ ”按钮（或 F9 键），则该断点被取消。

程序处于调试状态时，单击“ ”按钮（或 Shift + F5 组合键），调试被终止，程序退出内存，而单击“ ”按钮（或 Ctrl + Shift + F5 组合键），则程序从当前位置返回到开始位置，黄色箭头指向第一条语句，重新开始程序的调试。

### 3. 设置观测变量

在“单步执行”内容中已经介绍了通过变量窗口，可以观测变量的变化情况。

变量窗口显示的是当前正在处理的变量，且当变量保存值变化时是以红颜色显示的。

VC 开发环境还设置了一个观测（Watch）窗口，可以将需要监测的变量名输入到窗口的“Name”栏中，在右侧的“Value”栏中显示该变量当前的值。

通过变量窗口和观测窗口，可以为其中显示的变量赋新值。双击变量名右侧的“Value”栏，原值显示为蓝背景色，此时可输入数据。

在观测窗口中还可以输入一个表达式，右侧就会显示出表达式的值。如在图 1.26 的观测窗口中输入一个表达式“(float)i/(i+1)”，则“Value”栏显示出计算结果。

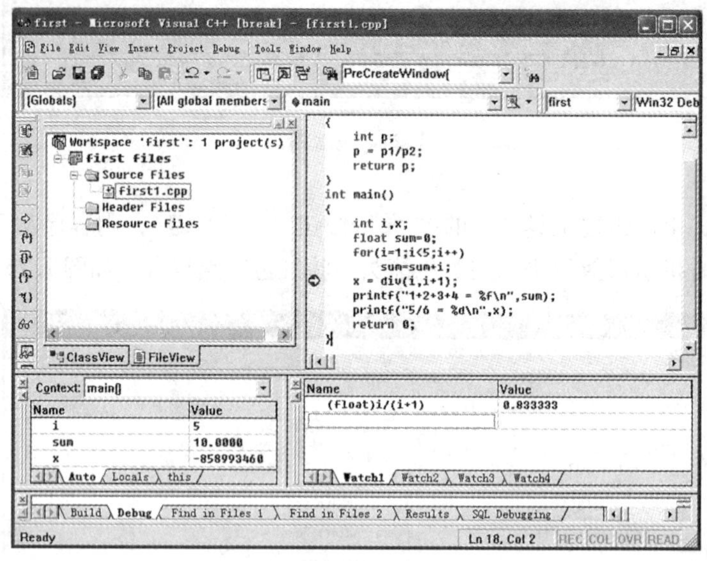


图 1.26　观测窗口的表达式

## 六、VC 开发环境菜单项一览

### 1. File 菜单

New　　<Ctrl> + <N>

创建新文件

Open　　<Ctrl> + <O>

打开一个已存在的文件

Close

关闭工作区当前活动窗口

Open Workspace

打开已存在的工程

Save Workspace
保存所有文件以及编译、连接所需的信息

Close Workspace
关闭工程所有相关文件

Save <Ctrl> + <S>
将程序编辑区当前活动窗口的内容保存到用户指定的一个文件

Save As
将程序编辑区当前活动窗口的内容保存到用户指定的另一个文件

Save All
保存所有打开的文件、文档和工程

Page Setup
页面设置

Print <Ctrl> + <P>
打印当前工作区活动窗口的内容

Recent Files
列出4个最近打开过的文件

Recent Workspaces
列出4个最近打开过的工程

Exit
关闭所有窗口，退出VC开发环境

### 2. Edit 菜单

Undo <Ctrl> + <Z>
取消最近一次误操作

Redo <Ctrl> + <Y>
重做前次Undo撤销的操作

Cut <Ctrl> + <X>
剪切选定的文本块

Copy <Ctrl> + <C>
将选定的文本块复制到剪贴板

Paste <Ctrl> + <V>
将剪贴板上的内容插到光标处

Delete <Del>
删除选定的文本块

Select All <Ctrl> + <A>
选定当前窗口中的全部内容

Find <Ctrl> + <F>
激活查找对话框

Find in Files

在文件中查找指定的字符串

Replace　　<Ctrl> + <H>

进行文本替换

GoTo　　<Ctrl> + <G>

在文件中迅速找到指定行

Bookmark　　<Alt> + <F9>

设置书签

### 3. View 菜单

Class Wizard　　<Ctrl> + <W>

激活应用程序类的向导

Resource Symbols

管理程序中符号

Resource Includes

激活 Resource Includes 对话框

Full Screen

将工作区的当前窗口放大到全屏幕

Workspace　　<Alt> + <0>

打开工程工作区窗口

Output　　<Alt> + <2>

打开输出窗口

Debug Windows

调试窗口

- Watch　　<Alt> + <3>

  打开观测窗口
- Call Stack　　<Alt> + <7>

  打开函数调用窗口
- Memory　　<Alt> + <6>

  打开内存窗口
- Variables　　<Alt> + <4>

  打开变量窗口
- Registers　　<Alt> + <5>

  打开寄存器窗口
- Disassembly　　<Alt> + <8>

  打开反汇编窗口

Refresh

刷新选择

Properties　　<Alt> + <Enter>

显示源文件的属性信息

#### 4. Insert 菜单

New Class
打开建立新的类对话框
New Form
打开建立新表单对话框
Resource < Ctrl > + < R >
打开插入资源对话框
Resource Copy
拷贝选定的资源
File As Text
将一个文件作为文本插入到文档中

#### 5. Project 菜单

Set Active Project
选择待激活的工程
Add To Project
向工程中插入文件
Dependencies
编辑工程支撑文件
Settings < Alt > + < F7 >
激活工作编辑对话框
Export Make files
输出生成的 Make 文件
Insert Project into Workspace
将工程文件调入工程工作区

#### 6. Build 菜单

Compile < Ctrl > + < F7 >
编译工作区的 C/C++ 源程序文件
Build < F7 >
对工程进行编译、连接成可执行文件
Rebuild all
对工程中的所有文件重新进行编译、连接成可执行文件
Batch Build
批量编译、连接工程文件
Clean
删除指定的文件
Start Debug

打开调试窗口

Go　< F5 >

运行程序到断点

Step Into　< F11 >

可跟进到被调函数的单步执行

Run to Cursor　< Ctrl > + < F10 >

执行到光标

Attach Process

打开进程管理器

Debugger Remove Connection

打开网络连接，实现远程调试

Execute　< Ctrl > + < F5 >

运行可执行文件

Set Active Configuration

设置生成的可执行文件是调试版还是发行版

Configuration

详细设置可执行文件的模式

Profile

打开配置文件

## 7. Tools 菜单

Source Browser　< Alt > + < F12 >

浏览用户资源

Close Source Browser File

关闭浏览文件

Customize

打开定制对话框，定制工具条、快捷键

Optiones

打开 Optiones 对话框，设置环境

Macro

打开宏对话框

## 8. Windows 菜单

New Window

在程序编辑区复制一个新窗口

Split

将程序编辑区分割为多个窗口

DockingView　< Alt > + < F6 >

锁定工作区窗口或输出窗口

Close

关闭程序编辑区的当前窗口

Close All

关闭程序编辑区的所有窗口

Next

显示程序编辑区窗口队列中的下一个窗口

Previous

显示程序编辑区窗口队列中的上一个窗口

Cascade

程序编辑区的窗口层叠排列

Tile Horizontally

程序编辑区的窗口水平排列

Tile Vertically

程序编辑区的窗口垂直排列

### 9. Help 菜单

（略）

# 第二部分　C 语言程序实验

## 上机实验的目的与要求

### 一、实验目的

上机实验是学习程序设计语言必不可少的实践环节，特别是 C 语言具有简洁、灵活的特点，更需要读者通过编程实践来真正掌握它。程序设计语言的学习目的可以概括为学习语法规则、掌握程序设计方法、提高程序开发能力，这些都必须通过充分的实际上机操作才能完成。

课程上机实验的目的，不仅仅是验证教材和讲课的内容、检查自己所编的程序是否正确，还包括以下几个方面。

1. 加深对课堂讲授内容的理解

课堂上要讲授许多关于 C 语言的语法规则，听起来十分枯燥无味，也不容易记住，死记硬背是不可取的。然而要使用 C 语言这个工具解决实际问题，又必须掌握它。通过多次上机练习，对于语法知识有了感性的认识，加深对它的理解，在理解的基础上就会自然而然地掌握 C 语言的语法规则。对于一些内容自己认为在课堂上听懂了，但上机实践中会发现原来理解的偏差，这是由于大部分学生是初次接触程序设计，缺乏程序设计的实践所致。

学习 C 语言不能仅仅学习语法规则，还要利用学到的知识编写 C 语言程序，解决实际问题。即把 C 语言作为工具，描述解决实际问题的步骤，由计算机帮助我们解题。只有通过上机才能检验自己是否掌握 C 语言、自己编写的程序是否能够正确地解题。

通过上机实验来验证自己编制的程序是否正确，恐怕是大多数同学在完成老师作业时的心态。但是在程序设计领域里这是一定要克服的传统的、错误的想法。因为在这种思想支配下，可能你会想办法去“掩盖”程序中的错误，而不是尽可能多地发现程序中存在的问题。自己编好程序上机调试运行时，可能有很多意想不到的情况发生，通过解决这些问题，可以逐步加深自己对 C 语言的理解和提高程序开发能力。

2. 熟悉程序开发环境、学习计算机系统的操作方法

一个 C 语言程序从编辑、编译、连接到运行，都要在一定的操作环境下才能进行。所谓“环境”就是所用的计算机系统硬件、软件条件，只有学会使用这些环境，才能进行程序开发工作。通过上机实验，熟练地掌握 C 语言开发环境，为以后真正编写计算机程序解决实际问题打下基础。同时，在今后遇到其他开发环境时就会触类旁通，很快掌握新系统的使用。

本书以前版本采用的 C 语言开发环境为 Borland 公司的 Turbo C 2.0 集成开发环境，本次再版调整为微软公司的 Microsoft Visual C++ 6.0，以下简称 VC 环境。

3. 学习上机调试程序

完成程序的编写，决不意味着万事大吉。你认为万无一失的程序，实际上机运行时可能不断出现麻烦。例如，编译程序检测出一大堆语法错误，如 scanf( ) 函数的输入表中出现非地址项、某变量未进行类型定义、语句末尾缺少分号等。有时程序本身不存在语法错误，也能够顺利运行，但是运行结果显然是错误的。开发环境所提供的编译系统无法发现这种程序逻辑错误，只能靠自己的上机经验分析判断错误所在。程序的调试是一个技巧性很强的工作，对于初学者来说，尽快掌握程序调试方法是非常重要的。有时候一个消耗你几个小时时间的小小错误，调试高手一眼就能看出错误所在。

经常上机的人见多识广、经验丰富，对出现的错误很快就有基本判断，然后通过 C 语言提供的调试手段逐步缩小错误点的范围，最终找到错误点和错误原因。这样的经验和能力只有通过长期上机实践才能取得。向别人学习调试程序的经验当然重要，但更重要的是自己上机实践，分析、总结调试程序的经验和心得。别人告诉你一个经验，当时似乎明白，当出现错误时，由于情况千变万化，这个经验不一定用得上，或者根本没有意识到使用该经验。只有通过自己在调试程序过程中的经历并分析总结出的经验才是自己的。一旦遇到问题，这些经验自然涌上心头。所以调试程序不能指望别人替代，必须自己动手。分析问题、选择算法、编好程序，只能说完成一半工作，另一半工作就是调试程序、运行程序并得到正确结果。

## 二、实验要求

上机实验一般经历上机前的准备（编程）、上机调试运行和实验后的总结 3 个步骤。

1. 上机前的准备

根据所要解决的问题，进行分析，选择适当算法并编写程序。上机前一定要仔细检查程序（称为静态检查），直到找不到错误（包括语法和逻辑错误）为止。分析可能遇到的问题及解决的对策，准备几组测试程序的数据和预期的正确结果，以便发现程序中可能存在的错误。

如果上机前没有充分的准备，到上机时临时拼凑一个错误百出的程序，宝贵的上机时间就白白浪费了；如果抄写或复制一个别人编写的程序，到头来自己将一无所获。

2. 上机输入和编辑程序，并调试运行程序

首先调用 C 语言集成开发环境，输入并编辑事先准备好的源程序；然后调用编译程序对源程序进行编译，查找语法错误，若存在语法错误，重新进入编辑环境，改正后再进行编译，直到通过编译，得到目标程序（. obj 文件）。下一步是调用连接程序，产生可执行程序（. exe 文件）。使用预先准备的测试数据运行程序，观察是否得到预期的正确结果。若有问题，则仔细调试，排除各种错误，直到得到正确结果。在调试过程中，要充分利用 C 语言集成开发环境提供的调试手段和工具，如单步跟踪、设置断点、监视变量值的变化等。整个过程应自己独立完成。不要一点小问题就找老师，学会独立思考，勤于分析，通过自己实践得到的经验用起来更加得心应手。

3. 整理上机实验结果，写出实验报告

实验结束后，要整理实验结果并认真分析和总结，根据教师要求写出实验报告。

实验报告一般包括如下内容：

(1) 实验内容。

实验题目与要求。

(2) 算法说明。

用文字或流程图说明。

(3) 程序清单。

(4) 运行结果。

原始数据、相应的运行结果和必要的说明。

(5) 分析与思考。

调试过程及调试中遇到的问题及解决办法；调试程序的心得与体会；其他算法的存在与实践等。若最终未完成调试，要认真找出错误并分析原因等。

# 实验一 C 语言运行环境

## 一、实验目的

(1) 了解开发环境的组成。

(2) 学习开发环境的使用方法。

(3) 了解 C 语言程序从编辑、编译、连接到运行并得到运行结果的过程。

## 二、实验内容

1. 进入、退出 VC 开发环境

在 Windows 操作系统下选择 “开始” → “程序” → “Microsoft Visual C++ 6.0” → “Microsoft Visual C++ 6.0”，即可进入 VC 开发环境，如图 2.1 所示。

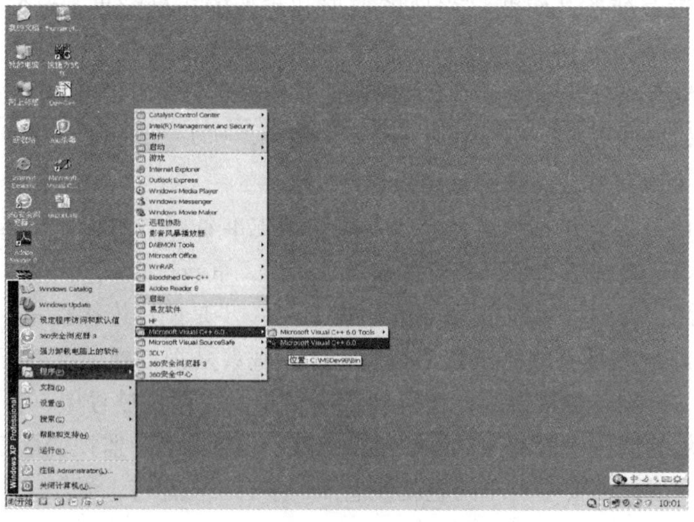

图 2.1 进入 VC 开发环境

一般情况下，在安装 VC 开发环境后，在桌面上会有 VC 快捷方式，单击即可进入开发环境的主界面，如图 2.2 所示。

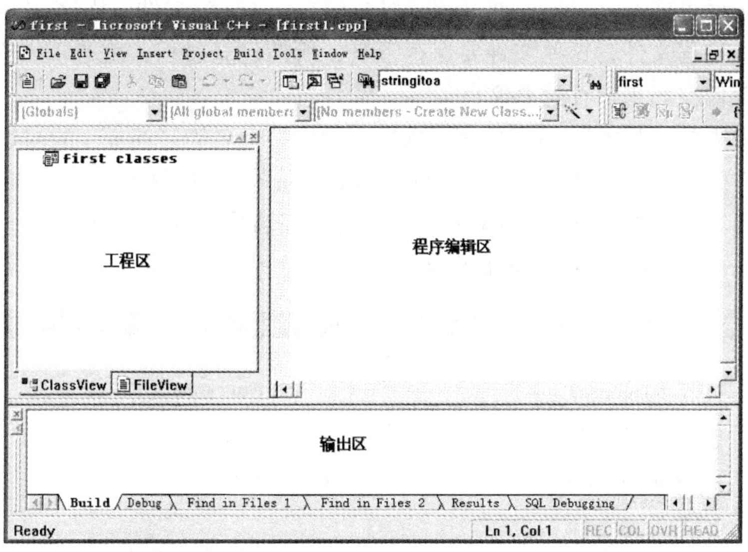


图 2.2　VC 开发环境主界面

在 VC 开发环境中，除了一般的工具栏之外，主要是程序编辑区、工程区和输出区 3 个窗口。工程区、输出区窗口可以在主菜单的选项“View”下打开或关闭，而程序编辑区窗口则在工程区窗口下方的“FileView”页签中选中相应的文件打开，如图 2.3 所示。

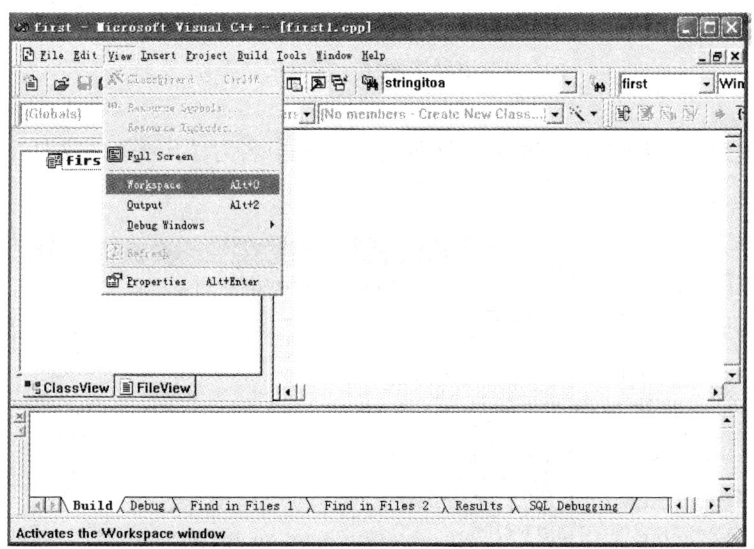


图 2.3　程序编辑区、工程区、输出区窗口的打开与关闭

通过单击 VC 开发环境窗口右上角的关闭按钮即可退出开发环境。

2. 编写自己的第一个程序

(1) 建立工程。

一个应用程序可能有几个独立的C源程序文件，以及头文件、库文件等，在开发过程中还要生成一些过程文件，这些文件要保存下来，所谓建立过程，就是VC开发环境在硬盘上要开辟一个存储空间来保存这些文件。

选择主菜单下的“Files”→“New”选项，弹出一个名为“New”的对话窗口，选择其中的“Projects”页签下的“Win32 Console Application”，在右侧下方的“Platforms”栏内显示“Win32”被勾选。在“Project name”栏输入工程名称，如图2.4所示。我们为第一个程序起名为“first”，“Location”选定的是D盘。

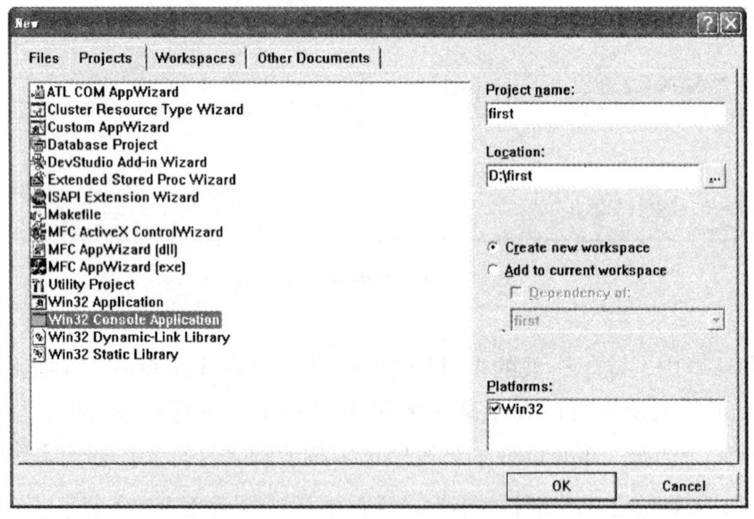


图2.4 通过“新建”窗口建立工程

根据操作窗口提示确认后，现在在D盘建立了一个名为“first”的文件夹，程序开发过程中生成的所有文件都将保存在这个文件夹里。

(2) 编辑源程序。

输入源程序文件，首先要建立一个新的源程序文件。建立新的源程序的操作步骤是，选择主菜单下的“Files”→“New”选项，再次打开“New”对话窗口，选择“Files”页签下的“C++ Source File”项，在窗口右侧的“File”栏中输入新的源程序文件名“first1”，如图2.5所示。单击确认后，系

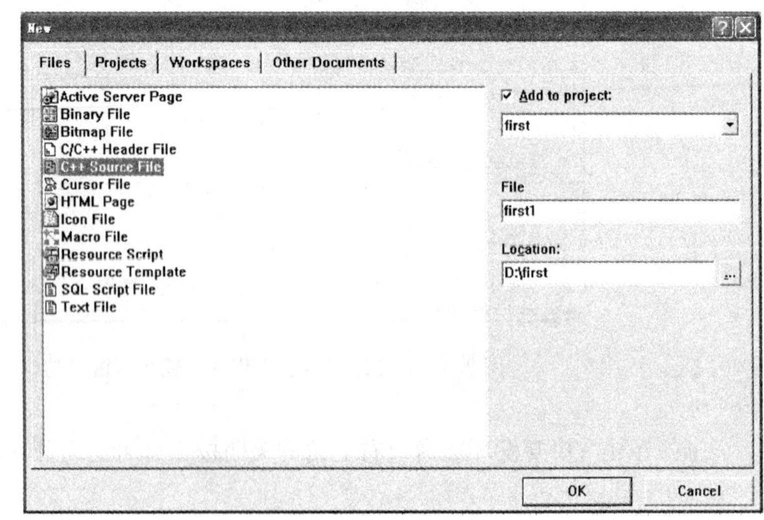


图2.5 输入新源程序文件名

统保存源程序文件名。

打开这个文件，在开发环境主界面的工程区窗口里，选择窗口下方的“FileView”页签，可以看见“first”工程的文件夹，下面有几个子文件夹。在“Source Files”子文件夹里有刚才输入的文件名“first1. cpp”，双击此文件名，就可在右侧的程序编辑区中编辑文件，如图 2. 6 所示。

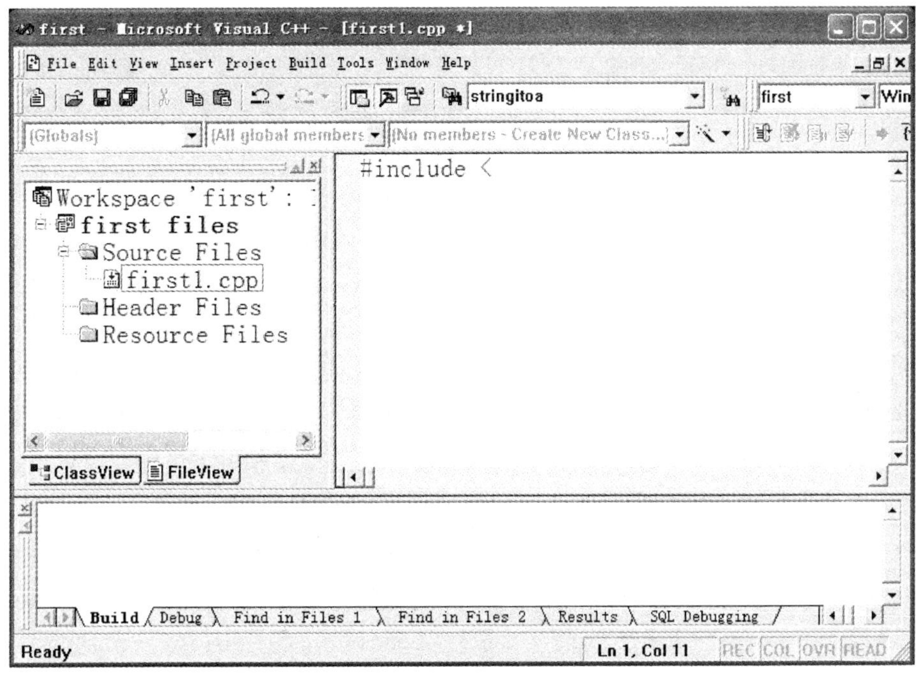


图 2. 6　打开源程序文件

此时，可以在程序编辑区输入如下的程序：

例 2. 1

```
#include <stdio.h>
main()
{
    printf("Hello world.\n");
}
```

3. 程序的调试

程序要经过编译、连接后形成可执行文件。源程序的扩展名是 *. c（C++ 源程序是 *. cpp），编译后形成的目标文件的扩展名是 *. obj，连接后生成的可执行文件的扩展名是 *. exe。VC 开发环境提供了有效的调试工具，帮助你尽快完成程序开发工作。

（1）程序的编译。

选择开发环境主菜单“Build”→“Compile first1. cpp”项，对源程序进行编译，在主界面输出区的“Build”页签下显示“file1. obj - 0 error（s），1 warning（s）”，说明程序

没有语法错误，编译已经成功，但是有一条警告信息，说明程序编写得不够规范。在程序调试的过程中，当出现错误信息或警告信息时，要查看相应的信息内容，可帮助我们尽快发现程序中的错误或不规范之处。

(2) 工具条的定制。

VC 开发环境提供了叫做“Build”的工具条，如图 2.7 所示。

图 2.7　“Build”工具条

工具条中的操作按钮从左至右是编译（Compile）、连接（Build）、停止（StopBuild）、运行（Execute Program）、运行到断点（Go）、设置断点（Insert/RemoveBreakPoint）等，直接单击这些按钮就可以执行相应操作。

定制工具条的方法是，选择主菜单“Tools”→“Customize”打开定制窗口，在窗口中的“Toolbars”页签下列出开发环境提供的一系列工具，勾选“Build”，用于编译、连接、运行的“Build（组建）”工具条显示在主界面上。在窗体空白处单击鼠标右键也可以定制该工具条，如图 2.8 所示。

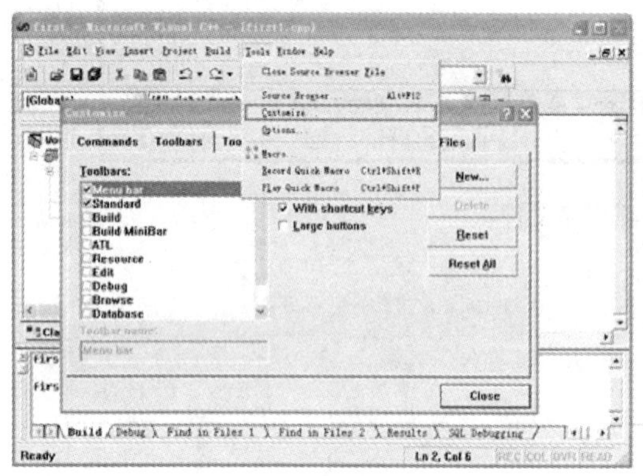

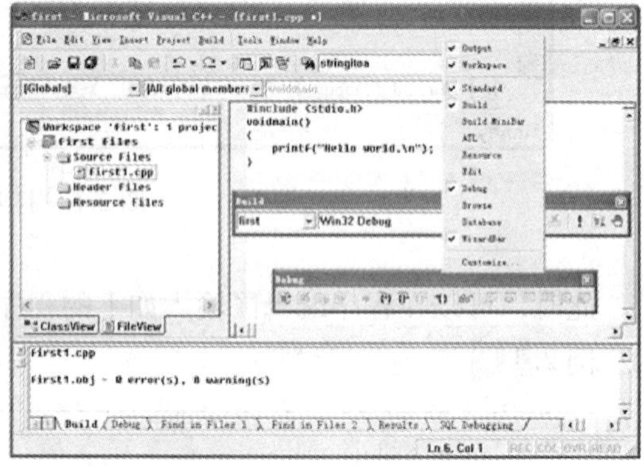

图 2.8　定制工具条

(3) 程序的连接与运行。

单击工具条的“Build”按钮进行连接，这时输出窗口显示“first. exe - 0 error（s），0 warning（s）”，可执行文件 first. exe 已经建立，单击“Go”按钮，屏幕弹出一个窗口，显示如图 2.9 所示。

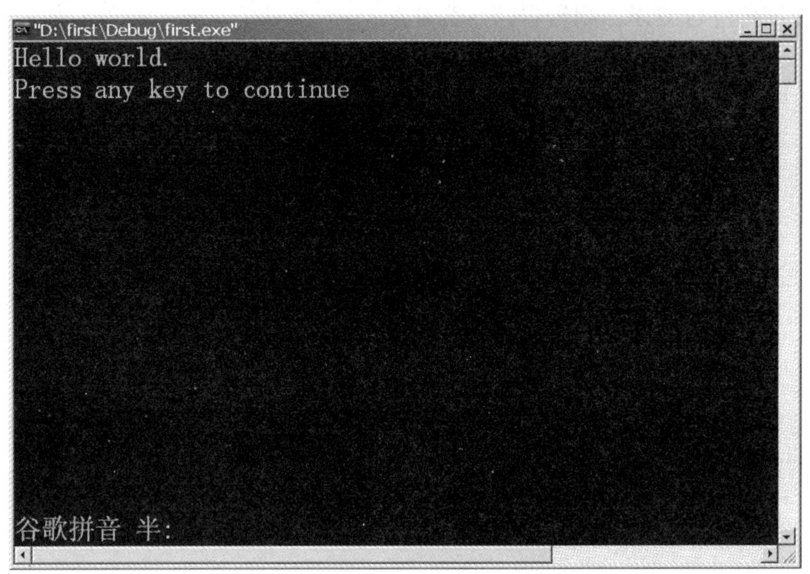


图 2.9　用户窗口显示“Hello world.”

注意程序运行结果显示在一个拟 DOS 系统风格的用户窗口中，窗口除显示出“Hello world.”外，在下面还显示一句“Press any key to continue”，这是系统给出的操作提示。

（4）调试错误、警告信息。

在程序调试过程中，输出区窗口显示对程序进行编译、连接的结果。如果程序没有语法错误而通过了编译，则会显示“first1. obj -0 error (s), 0 warning (s)”。

程序在编译过程中出现的错误信息是指程序中包含语法错误，没有生成目标文件；而在连接时出现的错误信息是指被连接的某个文件存在问题，连接失败没有生成可执行文件。所以在调试中对程序的错误必须进行修改。而警告信息则是因为程序编写得不规范，但是可执行文件已经生成且可以被正常运行。

初学者在调试程序出现警告信息后，尽量查找原因并对程序进行修改，去除警告信息，这样可以使你日后编写的程序规范。

我们分析一下刚才输入的程序为什么会出现警告信息。

将输出窗口上翻可以找到警告信息的具体内容：

d:\first\first1. cpp(5):warning C4508:'main':function should return a value;'void' return type assumed。

这条信息包含文件的内容是：被编译的文件名、警告信息编号、函数名、警告信息内容。该警告信息的意思是“函数应该有返回值，现在按没有返回值处理”。

出现这条警告信息的原因是，C 语言语法规定函数的类型就是函数的返回值的类型，二者应该一致。函数的类型写在函数名的前面，刚才输入的程序在函数名“main”前面没有说明类型，则编译器默认为是整型（int 型），但是程序里又没有返回值，二者出现了不一致，编译系统根据程序实际没有返回值的情况，按照无返回值型函数处理，也就是“void”型进行处理。如果在函数名“main”的前面加上“void”，或者在程序最后‘}’前加上语句“return 0;”再进行编译，则警告信息为0。

4. 编写程序，实现求整数10、20和35的平均值

在前面程序的基础上，试着编写一个求3个整数平均值的程序。

# 实验二　数据类型及顺序结构

## 一、实验目的

(1) 进一步熟悉VC开发环境的使用方法。

(2) 学习C语言赋值语句和基本输入输出函数的使用。

(3) 编写顺序结构程序并运行。

(4) 了解数据类型在程序设计语言中的意义。

## 二、实验内容

(1) 编写程序，输入图形的行数n，输出如图2.10所示的图形（n=4）：

```
*      *
**    **
***  ***
********
```

图2.10　星号图形

(2) 编写程序，实现下面的输出格式和结果（□表示空格）：

a=□□5,b=□□7,a-b=-2,a/b=□71%

c1=COMPUTER,c2=COMP□□,c3=□□COMP

x=31.19,y=□□-31.2,z=31.1900

s=3.11900e+002,t=□□□-3.12e+001

(3) 编写程序，输入变量x值，输出变量y的值，并分析输出结果。

(1) y=2.4*x - 1/2

(2) y=x%2/5-x

(3) y=x>10&&x<100

(4) y=x>=10 || x<=1

(5) y=(x-=x*10,x/=10)

要求变量x、y是float型。

(4) 调试下列程序，使之能正确输出3个整数之和及3个整数之积。

例2.2

```
#include <stdio.h>
int main( )
{
    int a,b,c;
    printf("Please enter  3 numbers:" );
    scanf("%d,%d,%d",&a,&b,&c);
    printf(" a+b+c=%d\n",a+b+c);
    printf(" a*b*c=%d\n",a*b*c);
    return o;
}
```

输入：40，50，60↙

（5）运行下述程序，分析输出结果。

例 2.3

```
#include <stdio.h>
int main( )
{
    int a=10;
    long int b=10;
    float x=10.0;
    double y=10.0;
    printf("a = %d,  b = %ld,  x = %f,  y = %lf\n",a,b,x,y);
    printf("a = %ld,  b = %d,  x = %lf,  y = %f\n",a,b,x,y);
    printf("x = %f,  x = %e,  x = %g\n",x,x,x);
    return o;
}
```

从此题的输出结果认识各种数据类型在内存中的存储方式。

## 三、选做题

输入圆半径（5）和圆心角（60°），输出圆的周长、面积和扇形周长、面积。

# 实验三　选择结构程序设计

## 一、实验目的

（1）正确使用关系表达式和逻辑表达式表示条件。

（2）学习分支语句 if 和 switch 的使用方法。

（3）进一步熟悉 VC 集成环境的使用方法，学习 VC 环境提供的调试工具。

## 二、实验内容

（1）调试下列程序，使之具有如下功能：输入 a、b、c 这 3 个整数，求最小值。写出调试过程。

例 2.4

```
#include<stdio.h>
void main()
{
    int  a,b,c;
    scanf("%d%d%d",a,b,c);
    if((a>b)&&(a>c))
        if(b<c)
            printf("min=%d\n",b);
        else
            printf("min=%d\n",c);
    if((a<b)&&(a<c))
        printf("min=%d\n",a);
}
```

程序中包含一些错误，在调试过程中通过下述步骤加以改正。本次实验的重点是介绍两个非常实用的程序调试方法，即单步执行与设置观测变量。

①程序的单步执行。

通过主菜单项“Tools”→“Customize”，或在窗体空白处单击鼠标右键，打开“Debug”调试工具条，如图 2.11 所示。

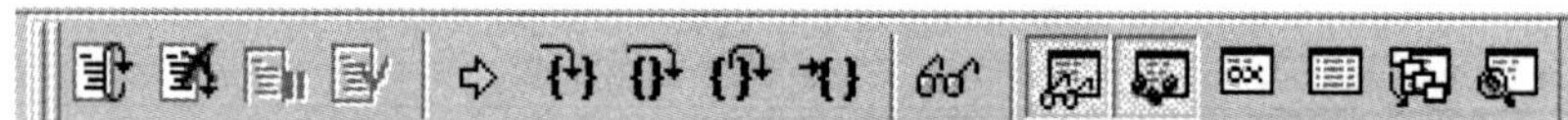

图 2.11　调试工具条

程序单步执行时，在某条语句的最左侧有一个黄色的箭头，如图 2.12 所示。黄色箭头所指向的语句是当前要执行的语句。按下某个单步执行按钮后，该条语句被执行，黄色箭头移动到下一条可执行语句。

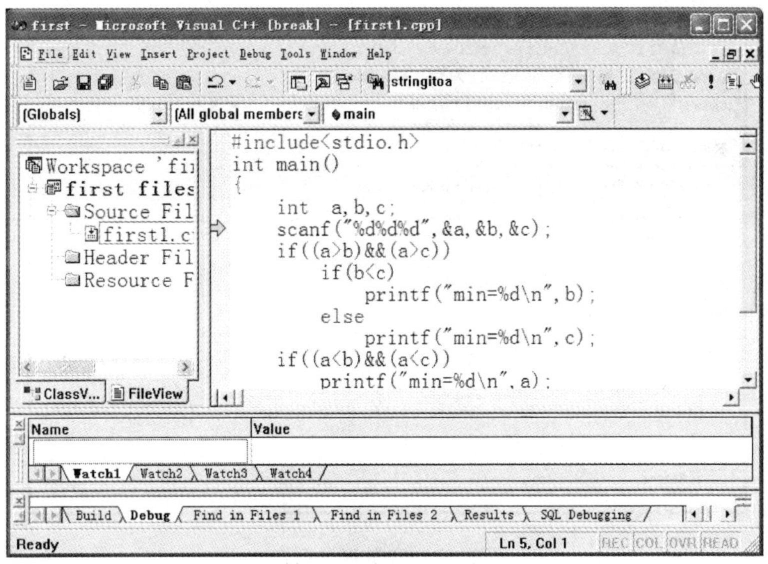


图 2.12 黄色箭头指向被执行语句

与单步执行相关的几个按钮的作用如下所述：

按钮1：按此按钮一次，执行一条可执行语句，遇到函数调用语句时，被调函数以一条语句对待，被调函数被整体运行执行完毕后，黄色箭头指向下一条语句，不进入被调函数内部。

按钮2：程序执行到某个函数调用语句时，单击此按钮，会跟踪进入被调函数，黄色光标停在被调函数的第一条可执行语句。

按钮3：将当前光标所在函数自动运行到返回语句，返回到上层主调函数再继续单步执行。

按钮4：自动运行到光标所在位置的语句。

按钮5：停止程序运行，返回到编辑状态。

按钮6：返回到程序的第一条可执行语句，重新开始运行。

使用单步运行的调试方法，可检查程序的控制逻辑是否按照预期的方式进行，有助于发现程序中的问题。

②设置观测变量。

在程序运行过程中，变量保存的数值在改变，结合单步执行，观察这些变量的过程，判断程序的处理逻辑是否正确。

开发环境提供了一系列的调试窗口来观察程序的运行情况，在主菜单的“View”→“Debug Windows”选项可打开或关闭这些窗口。在程序调试过程中经常用到的是“Watch”窗口和“Variables”窗口，本文以后称为观测窗口和变量窗口。

在调试程序过程中，变量窗口和观测窗口能在屏幕的下方被打开，如图 2.13 所示。

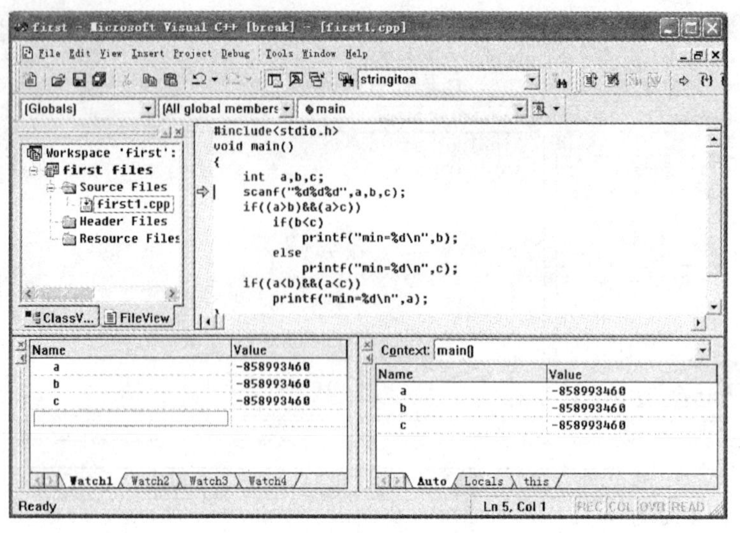


图 2.13　变量观测窗口

左侧是观测窗口，右侧是变量窗口。在窗口中显示变量名与变量值，还可以在此处为变量赋值；在观测窗口可以写入表达式，在“Value”栏中显示表达式的值。

注意，只有在程序被执行后，系统才知道变量的定义并显示出当前值。如果在变量后面显示“undefined symbol 'a'”，这是因为程序没有运行，变量没有登记，所以 VC 环境不知道标识符 a 是什么。

③通过单步执行发现程序中的错误。

当单步执行到 scanf( ) 函数语句时，屏幕自动切换到一个新窗口中，等待用户的输入，此时观测窗口中变量 a、b、c 会显示一些奇怪的数值，这是因为变量被分配了内存，系统不为这些变量清零，该内存处还保留着一些使用过的痕迹。

假定输入“1□2 □3”，变量 a、b、c 接受后发生了错误，这是因为变量名前面没有取地址运算符“&”。我们输入的数据没有正确存入到变量中。经改正后再单步运行，变量 a、b、c 的值被正确输入。继续单步执行，程序正确找到最小值并输出。

④通过充分测试发现程序中的错误。

虽然程序可以运行，并不能说程序就是正确的，因为编译系统检查程序没有语法错误就可运行了，但是编译系统不能发现程序中的逻辑错误。一个程序必须通过严格的测试，把可能存在的错误都找出来并改正。关于如何进行程序测试不在本书的讲述范围，此处仅对此例进行测试需要的一些原则进行介绍。

刚才给出的输入是变量 a 为最小值，且 a、b、c 都不相等的情况，可能的合理输入还有：a 为最小值且 a、b、c 相等，a 为最小值且 b、c 相等，b 为最小值且 a、b、c 互不相等，b 为最小值且 a、c 相等，等等。严格地说，在调试过程中对这些可能的情况都要进行测试，才能保证软件的质量。所以程序的调试、测试是一项非常繁琐的工作，也是非常重要的工作。对于初学者来说应该建立良好的习惯，在调试程序的时候，应该尽可能考虑到程序运行时的各种可能，设计相应的用例。

我们再次运行程序，输入为“2，1，3”，程序输出却是“min = －858993640”。这是一个非常奇怪的数字，你的程序运行可能是另外一个奇怪的数字。用单步执行的方法，马上发现变量 a、b、c 的值是不对的，原因是程序要求输入数据的分隔符是□(还允许使用回车或 Tab 键。

正确输入“2 □1 □3”后，程序没有输出。使用单步执行的方法，监视程序的执行过程，发现程序中条件设计有误，经过改正的程序如下：

例 2.5

```
#include <stdio.h>
int main()
{
    int  a,b,c;
    scanf("%d%d%d",&a,&b,&c);
    if((a<b)&&(a<c))
        printf("min=%d\n",a)
    else if((b<a)&&(b<c))
        printf("min=%d\n",b);
    else if((c<a)&&(c<b))
        printf("min=%d\n",c);
    else
        printf("No find minimum\n");
    return 0;
}
```

上述程序是按在 3 个数中仅有一个最小值时才称其为最小值的原则进行设计的。另外，注意程序的书写格式，一定要采用缩进格式，即不同层次（分支）的语句左起的空格不同，这样可以有效地提高程序的可读性。

（2）编写程序，求解下列分段函数：

$$y=\begin{cases} x & (-5<x<0) \\ x-1 & (x=0) \\ x+1 & (0<x<10) \\ 100 & \text{其他} \end{cases}$$

（3）某托儿所收 2 岁到 6 岁的孩子，2 岁、3 岁孩子进小班（Lower class）；4 岁孩子进中班（Middle class）；5 岁、6 岁孩子进大班（Higher class）。用 switch 语句编写程序，输入孩子年龄，输出年龄及进入的班号。如输入：3，输出：age：3，enter Lower class。

# 实验四　循环结构程序设计

## 一、实验目的

（1）学习循环语句 for、while 和 do - while 语句的使用方法。

（2）学习用循环语句实现各种算法，如穷举法、迭代法等。

（3）进一步熟悉 VC 集成环境的使用方法。

## 二、实验内容

（1）使用下列程序计算 SUM 的值。调试该程序，使之能正确地计算 SUM，并写出调试过程。计算公式如下：

$$\mathrm{SUM} = 1 + \frac{1}{2} + \frac{1}{3} + \frac{1}{4} + \cdots + \frac{1}{n}$$

程序如下：

例 2.6

```
#include <stdio.h>
int main( )
{
    int t,s,i,n;
    scanf("%d", &n);
    for(i=1; i<=n; i++)
        t=1/i;
    s=s+t;
    printf("s=%f\n" , s);
    return 0;
}
```

在调试过程中，用单步执行的方法观察变量 s 和 t 的值的变化，找到程序中存在的问题，加以改正。

（2）下面程序的功能是计算 n!。

例 2.7

```
#include <stdio.h>
int main()
{
    int i, n, s=1;
    printf("Please enter n:");
    scanf("%d", &n);
    for(i=1; i<=n; i++)
        s=s*i;
    printf("%d! = %d", n, s);
    return 0;
}
```

首次运行先输入 n=4，输出结果为4！ =24，这是正确的。为了检验程序的正确性，再输入 n=20，输出为20！ = -2102132736，这显然是错误的。为了找到程序的错误，可以通过单步执行来观察变量的变化。这次我们在 for 循环体中增加一条输出语句，把变量 s 每次的运算结果显示出来。

显示的结果是：

```
……
10！ =3625800
11！ =39916800
12！ =479001600
13！ =1932053504
14！ =1278945280
15！ =2004310016
16！ =2004189184
17！ = -288522240
18！ = -898433024
19！ =109641728
20！ = -2102132736
```

运算过程中居然出现了负值，分析产生这种现象的原因。

（3）北京市体育彩票采用整数 1、2、3、…、36 表示 36 种体育运动，一张彩票可选择 7 种运动。编写程序，选择一张彩票的号码，使得这张彩票的 7 个号码之和是 105 且相邻两个号码之差按顺序依次是 1、2、3、4、5、6。如果第一个号码是 1，则后续号码应是 2、4、7、11、16、22。

（4）编写程序实现输入整数 n，输出如图 2.14 所示由数字组成的菱形。（图 2.14 中 n = 5）

```
        1
      1 2 1
    1 2 3 2 1
  1 2 3 4 3 2 1
1 2 3 4 5 4 3 2 1
  1 2 3 4 3 2 1
    1 2 3 2 1
      1 2 1
        1
```

图 2.14　数字菱形

## 三、选做题

已知 2001 年 1 月 1 日是星期一，编写程序，在屏幕上输出 2012 年的年历。关于闰年的计算方法：如果某年的年号能被 400 除尽，或能被 4 除尽但不能被 100 除尽，则这一年就是闰年。

# 实验五　数组

## 一、实验目的

（1）掌握数组的定义、赋值和输入输出的方法。

（2）学习用数组实现相关的算法（如排序、求最大和最小值、对有序数组的插入等）。

（3）熟悉 VC 集成环境的调试数组的方法。

## 二、实验内容

（1）调试下列程序，使之具有如下功能：输入 10 个整数，按每行 3 个数输出这些整数，最后输出 10 个整数的平均值。写出调试过程。

例 2.8

```
#include <stdio.h>
void main( )
{
    int i,n,a[10],av;
    for(i=0; i<n; i++)
        scanf("%d",a[i]);
    for(i=0; i<n; i++)
    {
        printf("%d",a[i]);
        if(i%3==0)
            printf("\n");
    }
    for(i=0; i!=n; i++)
        av+=a[i];
    printf("av=%f\n",av);
}
```

上面给出的程序是可以运行的，但是运行结果是完全错误的。调试时请注意变量的初值问题、输出格式问题等。请使用前面实验所掌握的调试工具，判断程序中的错误并改正。在程序运行过程中，可以按 Ctrl + Break 组合键终止程序的运行，返回到 VC 环境。

（2）编写程序，任意输入 10 个整数的数列，先将整数按照从大到小的顺序进行排序，然后输入一个整数插入到数列中，使数列保持从大到小的顺序。

（3）输入 4 ×4 的数组，编写程序，实现如下功能：

①求出对角线上各元素的和。

②求出对角线上行、列下标均为偶数的各元素的积。

③找出对角线上其值最大的元素和它在数组中的位置。

## 三、选做题

（1）设某班 50 人，写一个程序来统计某一单科成绩各分数段的分布人数，每人的成绩随机输入，并要求按下面格式输出统计结果（“××”表示实际分布人数）。

```
 0  ~  39      ××
40  ~  49      ××
50  ~  59      ××
    …          …
90  ~  100     ××
```

（2）有一个 n 行 m 列的由整数组成的矩阵，请对矩阵中的元素重新进行排列，使得同行元素中右边的元素大于左边的元素，同列元素中下边的元素大于上边的元素。

# 实验六　字符数据处理

## 一、实验目的

（1）掌握 C 语言中字符数组和字符串处理函数的使用。

（2）掌握在字符串中删除和插入字符的方法。

（3）熟悉 VC 集成环境的调试字符串程序的方法。

## 二、实验内容

（1）调试下列程序，使之具有如下功能：任意输入两个字符串（如“abc 123”和“china”），并存放在 a、b 两个数组中。然后把较短的字符串放在 a 数组，较长的字符串放在 b 数组，并输出。

程序中的 strlen 是库函数，功能是求字符串的长度，它的原型保存在头文件“string. h”中。调试时注意库函数的调用方法以及不同的字符串输入方法，通过错误提示发现程序中的错误。

例 2. 9

```
#include <stdio.h>
void main()
{
    char  a[10],b[10];
    int c,d,k;
    scanf("%s",&a);
    scanf("%s",&b);
    printf("a=%s,b=%s\n",a,b);
    c=strlen(a);
    d=strlen(b);
    if(c>d)
        for(k=0; k<d; k++)
```

```
        {
            ch=a[k];
            a[k]=b[k];
            b[k]=ch;
        }
    printf("a=%s\n",a);
    printf("b=%s\n",b);
}
```

（2）编写程序，输入若干个字符串，求出每个字符串的长度，并打印最长一个字符串的内容。以“stop”作为输入的最后一个字符串。

（3）编写程序，输入任意一个含有空格的字符串（至少10个字符），删除指定位置的字符后输出该字符串。例如，输入“BEIJING123”和删除位置3，则输出“BEIING123”。

## 三、选做题

（1）编写程序，输入字符串s1和s2以及插入位置f，在字符串s1中的指定位置f处插入字符串s2。例如，输入“BEIJING”“123”和位置3，则输出“BEI123JING”。

（2）编写程序，将输入的两个字符串进行合并，合并后的字符串中的字符按照其ASCII码以从小到大的顺序排序，在合并后的字符串中相同的字符只出现一次。

# 实验七　函数（1）

## 一、实验目的

（1）学习C语言中函数的定义和调用方法。

（2）掌握通过参数在函数间传递数据的方法。

（3）熟悉VC集成环境对包含函数调用的程序的调试方法。

## 二、实验内容

（1）调试下列程序，使之具有如下功能：fun函数是一个判断整数是否为素数的函数，使用该函数求1 000以内的素数平均值。写出调试过程。

例2.10

```
#include <stdio.h>
#include <math.h>
int fun(int n)                          /* 判断输入的整数是否为素数 */
{
    int i,y=0;
    for(i=2; i<n; i++)
        if(n%i==0) y=1;
```

```
    else
        y=0;
    return y;
}
void main( )
{
    int a=0,k,n=0;                          /* a 保存素数之和 */
    float av;                    /* av 保存 1000 以内素数的平均值 */
    for(k=2; k<=1000; k++)
        if(fun(k))                          /* 判断 k 是否为素数 */
            a+=k;
            n=++;
    av=a/n   ;
    printf("av=%f\n",av);
}
```

本题调试的重点是如何判断一个数是否为素数。根据素数的定义，一个正整数只能被 1 和它本身整除，这个数就是素数。调试中采用 VC 环境提供单步执行功能时，注意在主调函数执行到调用 fun 函数时，要采用跟进的方式，进入到被调函数单步执行。

（2）设置调试程序的断点。

在调试程序的过程中，使用单步执行的方法有助于发现程序中的错误，当对程序中前一部分已经调试完成，而在调试以后部分时，在程序中设置断点，让程序执行程序到断点处，然后再单步执行程序，可以提高调试工作的效率。

设置断点的方法是，将屏幕的光标移到设置断点的语句所在行，单击“Build”工具条中的“✋”按钮，该语句前面显示一个暗红色的圆点，如图 2. 15 所示。

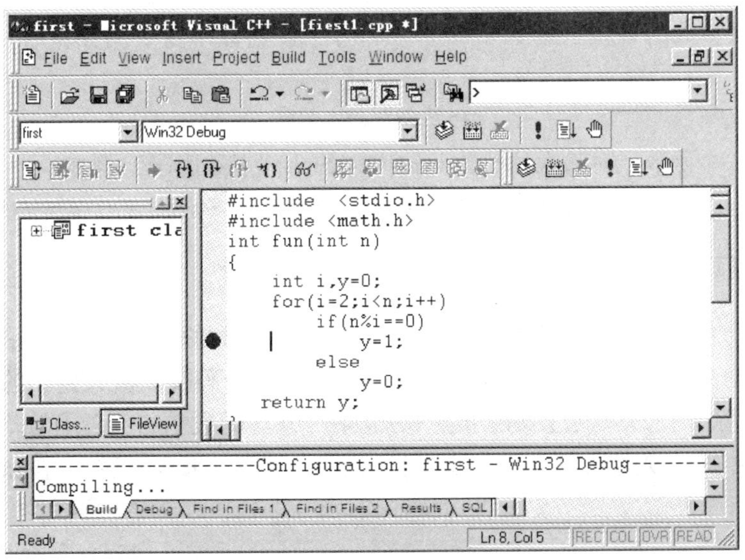


图 2. 15　设置断点

此时单击“Build”工具条的“![]”按钮，则程序从开始一直执行到断点前面的一条可执行语句，等待用户的指令。此时，表示待执行语句的黄色箭头与表示断点的暗红色圆点重合，如图 2.16 所示。

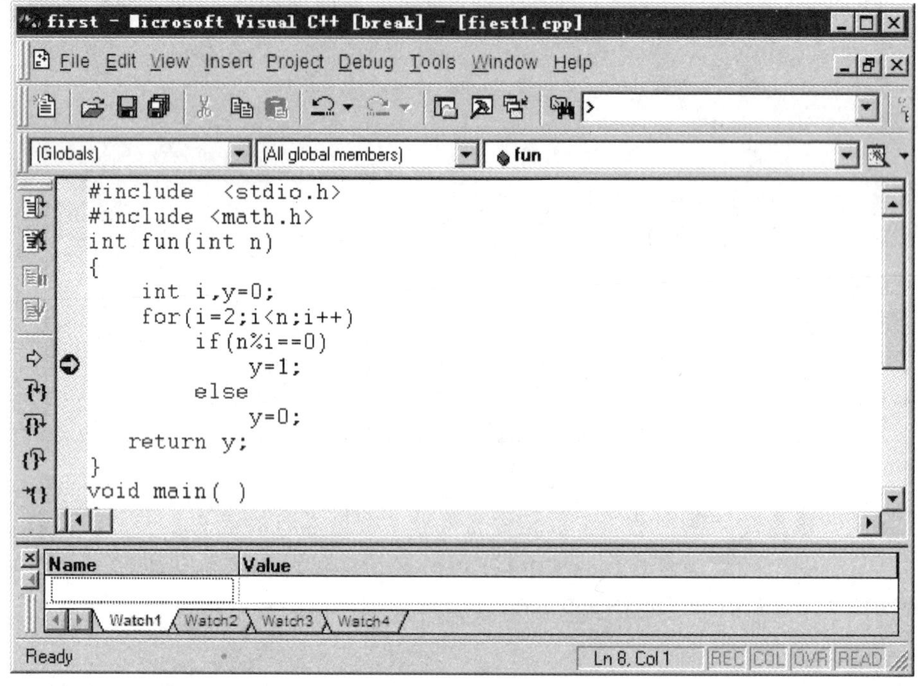


图 2.16　程序执行到断点

当屏幕光标停留在设置为断点的语句处，再单击“Build”工具条中的“![]”按钮，可以取消断点。

（3）编写一个求水仙花数的函数，求 3 位正整数的全部水仙花数中的次大值。所谓水仙花数是指 3 位整数的各位上的数字的立方和等于该整数本身。例如：153 就是一个水仙花数：

$$153 = 1^3 + 5^3 + 3^3$$

（4）编写一个函数，对输入的整数 k 输出它的全部素数因子。例如：当 k = 126 时，素数因子是 2、3、3、7。要求按如下格式输出：126 = 2 * 3 * 3 * 7。

## 三、选做题

（1）任意输入一个 4 位自然数，调用函数输出该自然数的各位数字组成的最大数。

（2）某人购买的体育彩票猜中了 4 个号码，这 4 个号码按照从大到小的顺序组成一个数字可被 11 整除，将其颠倒过来也可被 11 整除，编写函数求符合这样条件的 4 个号码。关于体育彩票号码的规则见实验四；可被 11 整除，颠倒过来也可被 11 整除的正整数，如 341。

# 实验八 函数（2）

## 一、实验目的

（1）掌握含多个源文件的程序的编译、连接和调试运行的方法。

（2）学习递归程序设计，掌握递归函数的编写规律。

（3）熟悉 VC 集成环境的调试函数程序的方法。

## 二、实验内容

（1）编写两个函数，其功能分别为：

①求 N 个整数的次大值和次小值。

②求两个整数的最大公约数和最小公倍数。

输入 10 个整数，调用函数求它们的次大值和次小值，及次大值和次小值的最大公约数和最小公倍数。

要求：这两个函数和主函数分属 3 个文件。

求最大公约数和最小公倍数的方法（以 12 和 8 为例）：

辗转相除法：两数相除，若不能整除，则以除数作为被除数，余数作为除数，继续相除，直到余数为 0 时，当前除数就是最大公约数。而原来两个数的积除以最大公约数的商就是最小公倍数。

12　　8

12%8 的余数为 4

8%4 的余数为 0

则 4 为最大公约数，12 ×8/4 为最小公倍数。

相减法：两个数中的大数减小数，其差与减数再进行大数减小数，直到差与减数相等为止，此时的差或减数就是最大公约数。而原来两个数的积除以最大公约数的商就是最小公倍数。

12　　8

12 −8 =4　　8 −4 =4

则 4 为最大公约数，12 ×8/4 为最小公倍数。

假定保存主函数的文件名是“file1. c”，保存求次大值和次小值函数的文件名是“file2. c”，保存求最大公约数和最小公倍数函数的文件名是“file3. c”。因为这 3 个源程序文件是为解决一个问题而编写的，它们最后要编译连接为一个可执行文件。

为解决此题，我们在 D 盘新建立一个名为“second”的工程，在此工程下先建立一个名为“file1”的源程序文件，将程序在程序编辑区输入后，再依次建立名为“file2”“file3”的源程序文件。建立这些文件的方法是一样的，读者可参阅实验一的第 2 节“编写自己的第一个程序”，在图 2. 5 所示的“New”对话窗口中，“Location”栏显示这些文件所在的文件夹都是“D:\second”，在主界面的工程区窗口的“FileView”页签里的源程序文件夹有这 3 个文件的名字，要编辑修改哪个文件，双击文件名即可，如图 2. 17 所示。

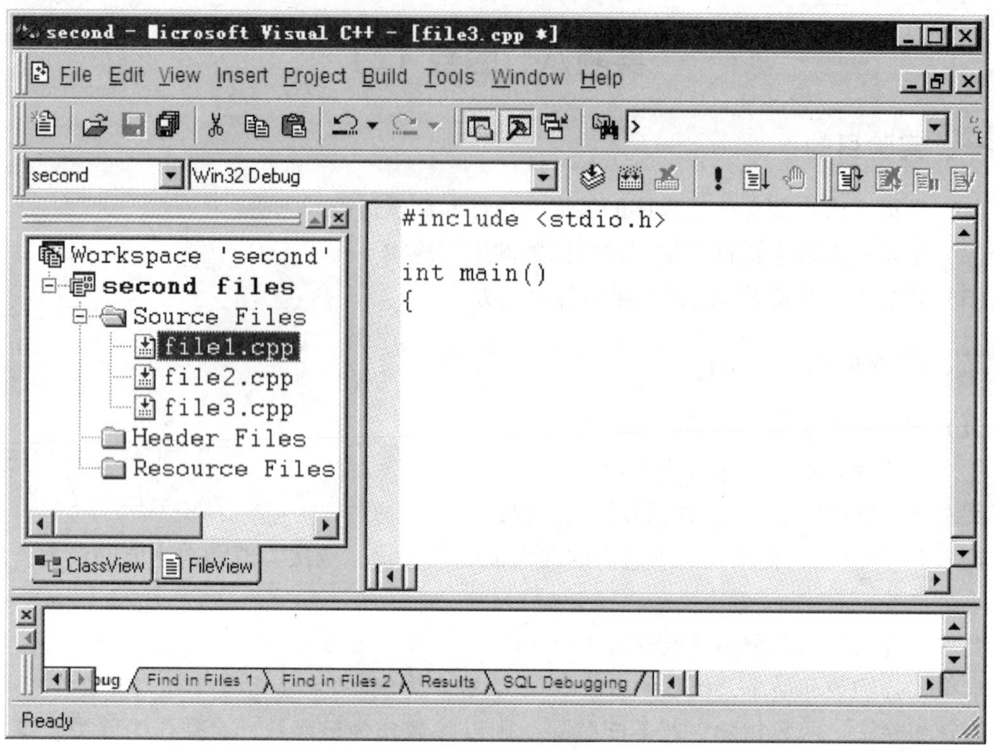


图 2.17　多源程序文件

(2) 用递归的方法求下面函数 f(x,n) 的值：

$$f(x,n)=\sqrt{x+\sqrt{x+\sqrt{x+\cdots+\sqrt{x}}}}\qquad (n\text{ 层根号})$$

递归公式为：$f(x,n)=\begin{cases}\sqrt{x} & n=1\\ \sqrt{x+f(x,n-1)} & n>1\end{cases}$

设 $n=5$，$x=100$。

(3) 编写一个递归函数，实现将任意的十进制正整数转换为八进制数。

## 三、选做题

(1) 编写一个递归函数，实现将任意的正整数按反序输出。例如，输入“12345”，输出“54321”。

(2) 按下述递归定义编写一个计算阿克曼函数的递归函数：

$$A(m,n)=\begin{cases}n+1 & m=0\\ A(m-1,1) & n=0\\ A(m-1,A(m,n-1)) & m\neq 0,n\neq 0\end{cases}$$

# 实验九　指针（1）

## 一、实验目的

（1）掌握指针变量的定义与引用。

（2）掌握指针与变量、指针与数组的关系。

（3）掌握用数组指针作为函数参数的方法。

（4）熟悉 VC 集成环境的调试指针程序的方法。

## 二、实验内容

（1）下述程序使用指针方法编程，调试程序，使之具有如下功能：通过指针输入 12 个数，然后按每行 4 个数输出。写出调试过程。

例 2. 11

```
#include <stdio.h>
void main()
{
    int j,k,a[12],*p;
    for(j=0; j<12; j++)
        scanf("%d",p++);
    for(j=0; j<12; j++)
    {
        printf("%d",*p++);
        if(j%4 == 0)
            printf("\n");
    }
}
```

调试此程序时将 a 设置为一个观测变量，数组 a 所有元素的值都可以显示出来，如图 2. 18 所示。数组名 a 后的字符串，是数组在内存的首地址，下面则是各个元素的值。调试时注意指针变量指向哪个目标变量。

（2）在主函数中任意输入 10 个数存入一个数组，然后按照从小到大的顺序输出这 10 个数，要求数组中元素按照输入时的顺序不能改变位置。

（3）自己编写一个比较两个字符串 s 和 t 大小的函数 strcomp(s,t)，要求 s 小于 t 时返回 -1，s 等于 t 时返回 0，s 大于 t 时返回 1。在主函数中任意输入 4 个字符串，利用该函数求最小字符串。

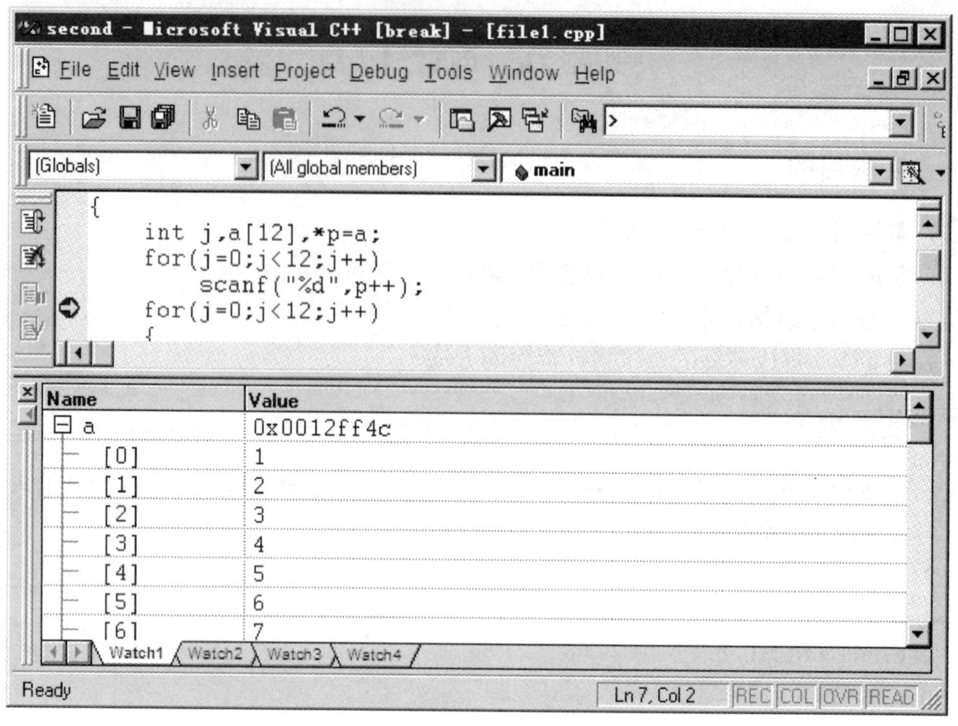


图 2.18　观察数组元素值

## 三、选做题

（1）在主函数中任意输入 9 个数，调用函数求最大值和最小值，在主函数中按每行 3 个数的形式输出，其中最大值出现在第一行末尾，最小值出现在第 3 行的开头。

（2）请编程读入一个字符串，并检查其是否为回文（即正读和反读都是一样的）。例如：

读入：MADA M I M ADAM.　　　　输出：YES

读入：ABCDBA.　　　　输出：NO

# 实验十　指针（2）

## 一、实验目的

（1）掌握 C 语言中函数指针的使用方法。

（2）掌握 C 语言中指针数组的使用方法。

（3）熟悉 VC 集成环境的调试指针程序的方法。

## 二、实验内容

（1）调试下列程序，使之具有如下功能：任意输入 2 个数，调用两个函数分别求：

① 两个数的和；

② 交换两个数的值。

要求用函数指针调用这两个函数，结果在主函数中输出。

例 2.12

```
#include <stdio.h>
void main()
main()
{
    int a,b,c,(*p)();
    scanf("%d,%d",&a,&b);
    p=sum;
    *p(a,b,c);
    p=swap;
    *p(a,b);
    printf("sum=%d\n",c);
    printf("a=%d,b=%d\n",a,b);
}
sum(int a,int b,int c)
{
    c=a+b;
}
swap(int a, int b)
{
    int t;
    t=a;
    a=b;
    b=t;
}
```

调试程序时注意参数传递的是数值还是地址。

（2）输入一个3位数，计算该数各位上的数字之和，如果在［1，12］之内，则输出与和数相对应的月份的英文名称，否则输出 *** 。

例如：输入：123　　　输出：1 +2 +3 =6→June

　　　输入：139　　　输出：1 +3 +9 =13→ ***

用指针数组记录各月份英文单词的首地址。

（3）任意输入5个字符串，调用函数按从大到小的顺序对字符串进行排序，在主函数中输出排序结果。

## 三、选做题

（1）对数组A中的N（0 < N < 100）个整数从小到大进行连续编号，要求不能改变数组

A 中元素的顺序，且相同的整数要具有相同的编号。

例如：数组是 A =（5，3，4，7，3，5，6）；

则输出：(3，1，2，5，1，3，4)。

（2）将一个数的数码倒过来所得到的新数，叫作原数的反序数，如果一个数等于它的反序数，则称它为对称数。例如，十进制数 121 就是一个十进制的对称数。编写程序，采用递归算法求不超过 2 012 的最大的二进制的对称数。

# 实验十一　结构

## 一、实验目的

（1）掌握 C 语言中结构类型的定义和结构变量的定义和引用。

（2）掌握用结构指针传递结构数据的方法。

（3）熟悉 VC 集成环境的调试结构程序的方法。

## 二、实验内容

（1）设计一个保存学生情况的结构，学生情况包括姓名、学号、年龄。输入 5 个学生的情况，输出学生的平均年龄和年龄最小的学生的情况。要求输入和输出分别编写独立的输入函数 input( ) 和输出函数 output( )。

（2）使用结构数组输入 10 本书的名称和单价，调用函数按照书名的字母顺序进行排序，在主函数输出排序结果。

（3）建立一个有 5 个结点的单向链表，每个结点包含姓名、年龄和工资。编写两个函数，一个用于建立链表，另一个用来输出链表。

## 三、选做题

（1）在上述第 3 题的基础上，编写插入结点的函数，在指定位置插入一个新结点。

（2）在上述第 3 题的基础上，编写删除结点的函数，在指定位置删除一个结点。

# 实验十二　文件

## 一、实验目的

（1）掌握 C 语言中文件和文件指针的概念。

（2）掌握 C 语言中文件的打开与关闭及各种文件函数的使用方法。

（3）熟悉 VC 集成环境的调试文件程序的方法。

## 二、实验内容

（1）编写程序，输入一个文本文件名，输出该文本文件中的每一个字符及其所对应的 ASCII 码。例如，文件的内容是“Beijing”，则输出“B(66)e(101)i(105)j(106)i(105)n(110)g(103)”。

（2）编写程序完成如下功能：

① 输入5个学生的信息：学号（6位整数）、姓名（6个字符）、3门课的成绩（3位整数，1位小数）。计算每个学生的平均成绩（3位整数，2位小数），将所有数据写入文件“STU1. DAT”；

② 从STU1. DAT文件中读入学生数据，按平均成绩从高到低排序后写入文件“STU2. DAT”；

③ 按照输入学生的学号，在“STU2. DAT”文件中查找该学生，找到以后输出该学生的所有数据，如果文件中没有输入的学号，给出相应的提示信息。

（3）用编辑软件建立一个名为“d1. txt”的文本文件存入磁盘，文件中有18个数。从磁盘上读入该文件，并用文件中的前9个数和后9个数分别作为两个3×3矩阵的元素。求这两个矩阵的和，并把结果按每行3个数据写入文本文件“d2. txt”。用文本编辑工具打开“d2. txt”文件，检查文件的内容是否正确。

## 三、选做题

（1）建立两个由有序的整数组成的二进制文件“f1. dat”和“f2. dat”，然后将它们合并为一个新的有序文件“f3. dat”。

（2）编写程序，功能是从磁盘上读入一个文本文件，将文件内容显示在屏幕上，每一行的前面显示行号。

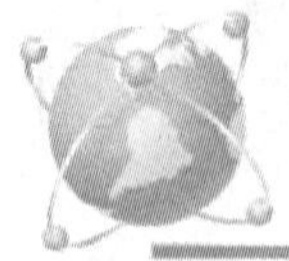

# 第三部分　习　　题

## 一、单项选择题

导读：单项选择题要求从给出的 4 个备选答案中，选出一个最符合题意的答案。本类习题主要检查对 C 语言基本概念的掌握情况，读者可根据学习进度选做部分习题。在完成习题的过程中，不但要选出正确的答案，而且要清楚不正确的选项错在何处，以加深对概念的理解。对于掌握不准的问题，应该通过上机实验来检验。对于 int 型变量的长度，本部分按 16 位二进制处理。

【1.1】下列关于 C 语言的叙述中错误的是________。

A）英文大写字母和小写字母的意义相同

B）不同类型的变量可以在一个表达式中

C）在赋值表达式中赋值号（=）左边的变量和右边的值可以是不同类型

D）同一个运算符号在不同的场合可以有不同的含义

【1.2】C 语言程序从名为 main 的函数开始执行，所以这个函数要写在________。

A）程序文件的开始位置　　B）程序文件的最后位置

C）它所调用的函数的前面　　D）程序文件的任何位置

【1.3】对于整型变量的长度，正确的说法是______。

A）整型变量的长度都是 2 个字节，与机器无关

B）C 语言规定整型变量的长度就是 2 个字节

C）整型变量的长度由计算机硬件决定

D）以上说法都不正确

【1.4】在 C 语言中，错误的 int 类型的常数是______。

A）32768　　B）0　　C）037　　D）0xAF

【1.5】定义一个变量保存 10 的阶乘的运算结果，则该变量应该定义为______。

A）int 型　　B）long 型

C）int 型或 long 型　　D）任意数据类型

【1.6】执行语句“printf("%x",-1);”，屏幕显示________。

A）-1　　B）1　　C）-ffff　　D）ffff

【1.7】已知“long i=32768;”，执行语句“printf("%d",i);”，屏幕显示________。

A）-1　　B）-32768　　C）1　　D）32768

【1.8】对于数据类型的自动转换，正确的说法是________。

A）字符型与单精度实型进行运算时都转换为双精度实型

B）字符型与字符型进行运算时不进行数据类型的转换

C）整型与字符型进行运算时根据字符的 ASCII 码值来决定是否进行类型转换

D）单精度实型之间进行运算时不进行类型转换

【1.9】对参加运算的变量进行强制类型转换后，________。

A）变量的数据类型改变为转换后的类型

B）变量的数据类型不变

C）变量的数据类型和运算时的类型都改变

D）变量的数据类型和运算时的类型都不改变

【1.10】已知“float a =0.2;”，执行语句“while(a <1)a = sqrt(a);”，运算结果是________。

A）当 a 等于 1 时循环结束

B）由于实型 a 与整型常量 1 进行关系运算而发生编译错误

C）运算结果不定

D）死循环

【1.11】关于运算符号的结合性，决定________。

A）与该运算符结合的运算对象的个数

B）运算次序

C）运算符号和运算对象的结合方向

D）计算机扫描表达式的方向

【1.12】已知字符变量说明为“char a ='\70';”，则变量 a 中保存________。

A）1 个字符　　B）2 个字符　　C）3 个字符　　D）变量说明非法

【1.13】已知“char ch;”，执行语句“while((ch = getche())!　='\n');”时输入：abcde <回车>后，变量 ch 的值是________。

A）ch ='e'　　B）ch ='\ n'　　C）ch ='\ r'　　D）死循环

【1.14】将字符串结束标志“'\0'”赋给变量 ch 后，变量中在内存中存储的内容是________。

A）00000000　　B）00110000　　C）48　　D）'0'

【1.15】字符串""的长度是________。

A）0　　B）1　　C）2　　D）非法字符串

【1.16】温度华氏和摄氏的关系是：$C=\frac{5}{9}(F-32)$。已知“float C,F;”，由华氏求摄氏的正确的赋值表达式是________。

A）C =5/9（F -32）　　B）C =5 *（F -32）/9

C）C =5/9 *（F -32）　　D）3 个表达式都正确

【1.17】逗号表达式“(a =3 * 5,a * 4),a +15”的值是________。

A）15　　B）60　　C）30　　D）不确定

【1.18】如果“int a =1,b =2,c =3,d =4;”，则条件表达式“a < b?a:c < d?c:d”的值是________。

A）1　　B）2　　C）3　　D）4

【1.19】已知“int i = -10,j =3,k;”，执行语句“k =i% j;”后，变量 k 的值是________。

A) 1　　B) -1　　C) 3　　D) -3

【1.20】已知“int i=10;”，表达式“20-i<=i<=9”的值是________。

A) 0　　B) 1　　C) 19　　D) 20

【1.21】已知“int x=1, y;”，执行表达式“y= ++x>5&& ++x<10”后，变量x的值是________。

A) 1　　B) 2　　C) 3　　D) 4

【1.22】已知“int a=1, b=2, m=2, n=2;”，执行语句“(m=a>b)&& + +n;”后，则n的值是________。

A) 1　　B) 2　　C) 3　　D) 4

【1.23】为判断字符变量c的值不是数字也不是字母时，应采用下述表达式________。

A) c< ='o'||c> ='9'&&c< ='A'||c> ='Z'&&c< ='a'||c> ='z'

B) !(c< ='o'||c> ='9'&&c< ='A'||c> ='Z'&&c< ='a'||c> ='z')

C) c> ='o'&&c< ='9'||c> ='A'&&c< ='Z'||c> ='a'&&c< ='z'

D) !(c> ='o'&&c< ='9'||c> ='A'&&c< ='Z'||c> ='a'&&c< ='z')

【1.24】已知“int x=1, y=1, z=1;”，表达式“x+ + +y+ + +z+ +”的值是________。

A) 3　　B) 4　　C) 5　　D) 表达式错误

【1.25】用十进制表示表达式“12|012”的值是________。

A) 1　　B) 0　　C) 12　　D) 14

【1.26】已知以下程序段：

```
int a=3, b=4;
a=a^b;
b=b^a;
a=a^b;
```

则执行以上语句后a和b的值分别是________。

A) a=3, b=4　　B) a=4, b=3　　C) a=4, b=4　　D) a=3, b=3

【1.27】已知“int a= -15;”，执行语句“a=a> >2;”后，变量a的值是________。

A) 3　　B) -3　　C) 4　　D) -4

【1.28】已知“char a=222;”，执行语句“a=a&052;”，后，变量a的值是________。

A) 222　　B) 10　　C) 244　　D) 254

【1.29】已知二进制数0010 1101，现在使用另一个二进制数与它进行按位异或运算，将该数的高4位取反、低4位不变，则另一个二进制数应是________。

A) 1111 0000　　B) 0000 1111　　C) 1111 1111　　D) 0000 0000

【1.30】已知“int x=5, y=5, z=5;”，执行语句“x% =y+z;”后，x的值是________。

A) 0　　B) 1　　C) 5　　D) 6

【1.31】使用语句“scanf("x=%f,y=%f",&x,&y);”，输入变量x、y的值（□代表空格），正确的输入是________。

A) 1.25, 2.4　　B) 1.25□2.4　　C) x=1.25, y=2.4　　D) x=1.25□y=2.4

【1.32】已知“int x=1, y=1;”，下列循环语句中有语法错误的是________。

A) while(x=y)y=5;　　B) while(0)x+ =y;

C) do y = 2;while(x == y);　　D) do x ++ ;while(x == 10);

【1.33】已知“char ch;”，执行语句“while(ch = getchar()! ='\n');”时输入：abcde <回车>后，变量 ch 的值是________。

A) ch ='e'　　B) ch =' \ n'　　C) ch ='0'　　D) ch =0

【1.34】格式化输入函数 scanf 的返回值是________。

A) 输入的数据的个数　　B) 输入数据的位数

C) 输入成功返回 1，失败返回 0　　D) 没有返回值

【1.35】已知“int x，y；double z;”，则以下语句中错误的函数调用是______。

A) scanf ("%d,%lx,%le",&x,&y,&z);　B) scanf ("%2d*%d%lf",&x,&y,&z);

C) scanf ("%x%*d%o",&x,&y);　　D) scanf ("%x%o%6.2f",&x,&y,&z);

【1.36】在下面的 4 个条件语句中（其中 S1 和 S2 表示 C 语言的语句），只有一个语句在功能上与其他 3 个语句不同，这个语句是________。

```
A) if(n) S1;        B)if(n ==0) S2;    C) if(n! =0) S1;    D) if(n ==0) S1;
   else  S2;           else  S1;           else  S2;           else  S2;
```

【1.37】已知“int i=1，j=0;”，执行下面语句后 j 的值是________。

```
while (i)
   switch (i! =j)
   {   case 1:  i +=1;j ++ ;break;
       case 2:  i +=2;j ++ ;break;
       case 3:  i +=3;j ++ ;break;
       default:i -- ;j ++ ;break;
   }
```

A) 1　　B) 2　　C) 3　　D) 4

【1.38】求取满足式 $1^2+2^2+3^2+\cdots+n^2\leq 1\,000$ 的 n，正确的语句是________。

A) for(i =1,s =0;(s+= i * i) < =1000;n = i ++ );

B) for(i =1,n =1,s =0;(s+= i * i) <=1000;n ++ ,i ++ );

C) for(i =1,s =0;(s = s+++ i * i) <=1000;n = i);

D) for(i =1,s =0;(s = s+ i * i ++ ) <=1000;n = i);

【1.39】循环语句“for(x =0,y =10;(y >0)&&(x <4);x ++ ,y -- );”循环执行的次数是________。

A) 3 次　　B) 4 次　　C) 不定　　D) 是无限循环

【1.40】已知“int x =12，y =3;”，执行下述程序后，变量 x 的值是________。

```
do
{   x/ = y -- ;
}while(x > y);
```

A) 1　　B) 2　　C) 3　　D) 程序运行有错误

【1.41】已知“char a[ ][20] = {"Beijing","shanghai","tianjin","chongqing"};”，语句“printf("%s",a[30]);”的输出是________。

A) <空格>　　B) n　　C) 不定　　D) 数组定义有误

【1.42】已知“int a[3][2] = {3,2,1};”，则表达式“a[0][0]/a[0][1]/a[0][2]”的值是________。

A）0.166667　　B）1　　C）0　　D）错误的表达式

【1.43】若用数组名作为函数调用时的实参，则实际上传递给形参的是______。

A）数组首地址　　B）数组的第一个元素值

C）数组中全部元素的值　　D）数组元素的个数

【1.44】对字符数组 s 赋初值，不合法的一个是________。

A）char s[ ] ="Beijing";

B）char s[20] = {"Beijing"};

C）char s[20];s ="Beijing";

D）char s[20] = {'B','e','i','j','i','n','g'};

【1.45】对字符数组 str 赋初值，str 不能作为字符串使用的一个是________。

A）char str[ ] ="shanghai";

B）char str[ ] = {"shanghai"};

C）char str[9] = {'s','h','a','n','g','h','a','i'};

D）char str[8] = {'s','h','a','n','g','h','a','i'};

【1.46】已知“int a[20],*p=a;”，那么数组 a 的第 i 个元素的地址为________。

A）p+i*2　　B）p+(i-1)*2

C）p+(i-1)　　D）p+i

【1.47】已知“int a[6][8],i=2,j=6;”，则下面能够正确引用元素 a[i][j]的是________。

A）*(a+j*n+i)　　B）*(a+i*n+j)

C）*(*(a+i)+j)　　D）*(*a+i)+j

【1.48】已知函数原型为“double fun1(int a[10],float b)”，其中形参 a 是________。

A）指针变量　　B）指针数组　　C）整型数组　　D）数组指针

【1.49】如果一个变量在整个程序运行期间都存在，但是仅在说明它的函数内是可见的，这个变量的存储类型应该被说明为________。

A）静态变量　　B）动态变量　　C）外部变量　　D）内部变量

【1.50】在一个 C 源程序文件中，若要定义一个只允许在该源文件中所有函数使用的变量，则该变量需要使用的存储类型是______。

A）extern　　B）register　　C）auto　　D）static

【1.51】在 C 语言中，函数的数据类型是指________。

A）函数返回值的数据类型　　B）函数形参的数据类型

C）调用该函数时的实参的数据类型　　D）任意指定的数据类型

【1.52】已知如下定义的函数：

```
fun1(int a)
{    printf("\n%d",a);
}
```

则该函数的数据类型是________。

A）与参数 a 的类型相同　　B）void 型

C）没有返回值　　D）无法确定

【1.53】程序运行过程中，退出被调函数以后，能够使被调函数中的数据继续存在的数据类型是______。

A）extern　　B）register　　C）auto　　D）static

【1.54】求一个角的正弦函数值的平方。能够实现此功能的函数是________。

A）
```
sqofsina(float x)
{return(sin(x) * sin(x));
}
```
B）
```
double sqofsinb(float x)
{return(sin((double)x) * sin((double)x));
}
```
C）
```
double sqofsinc(float x)
{return((int)(sin(x) * sin(x)));
}
```
D）
```
sqofsind(float x)
{return(double(sin(x) * sin(x)));
}
```

【1.55】在一个函数内有数据类型说明语句如下：

```
double x,y,z(10);
```

关于此语句的解释，下面说法中正确的是________。

A）z 是一个数组，它有 10 个元素。

B）z 是一个函数，小括号内的 10 是它的实参的值。

C）z 是一个变量，小括号内的 10 是它的初值。

D）语句中有错误。

【1.56】函数定义如下：

```
fun1(float x)
{  float y;
   y = x * x;
   return(y);
}
```

已知“float z;”，使用“z = fun1(2.5);”调用该函数后，变量 z 的值是________。

A）4　　B）6　　C）6.25　　D）有编译错误

【1.57】下面函数的功能是________。

```
a(s1,s2)
char s1[ ],s2[ ];
{  while(s2++ = s1++);
}
```

A）字符串比较　　B）字符串复制　　C）字符串连接　　D）字符串反向

【1.58】若有以下程序：

```
#include <stdio.h>
main(int argc,char *argv[])
{   while(--argc)
        printf("%s",argv[argc]);
    printf("\n");
}
```

该程序经过编译连接后生成的可执行文件是 s.exe。现在在 DOS 提示符下键入：

S AA BB CC <回车>

则输出是________。

A）AABBCC　　B）AABBCCS　　C）CCBBAA　　D）CCBBAAS

【1.59】在下列结论中，只有一个是错误的，它是______。

A）C 语言允许函数的递归调用

B）C 语言中的 continue 语句，可以通过改变程序的结构而省略

C）有些递归程序是不能用非递归算法实现的

D）C 语言中不允许在函数中再定义函数

【1.60】说明一个指针变量，用来保存整型函数的入口地址，其说明语句是______。

A）int *p　　B）int *p[4]　　C）int (*p)[4]　　D）int (*p)()

【1.61】设有说明语句"int (*p)[4];"，其中的标识符 p 是______。

A）4 个指向整型变量的指针变量

B）指向 4 个整型变量的函数指针

C）一个指向具有 4 个整型元素的一维数组的指针

D）具有 4 个指向整型变量的指针元素的一维指针数组

【1.62】已知"char s[10], *p=s;"，则在下列语句中，错误的语句是______。

A）p=s+5;　　B）s=p+s;　　C）s[2]=p[4];　　D）*p=s[2];

【1.63】已知"char s[100];int i;"，则引用数组元素的错误的形式是______。

A）s[i+10]　　B）*(s+i)　　C）*(i+s)　　D）*((s++)+i)

【1.64】已知"char s[6], *ps=s;"，则正确的赋值语句是______。

A）s="12345";　　B）*s="12345";　　C）ps="12345";　　D）*ps="12345";

【1.65】已知"char a[3][10]={"BeiJing","ShangHai","TianJin"}, *pa=a;"，不能正确显示字符串"ShangHai"的语句是________。

A）printf("%s",a+1);　　B）printf("%s",*(a+1));

C）printf("%s",*a+1);300　　D）printf("%s",&a[1][0]);

【1.66】已知：int a[4][3]={1,2,3,4,5,6,7,8,9,10,11,12};

int (*ptr)[3]=a, *p=a[0];

则以下能够正确表示数组元素 a[1][2]的表达式是______。

A）*(*(a+1)+2)　　B）*(*(p+5))

C）(*ptr+1)+2　　D）*((ptr+1)[2])

【1.67】已知"int a[ ][3]={1,2,3,4,5};"，数组 a 的元素个数是________。

A）5　　B）6　　C）8　　D）数组定义错误

【1.68】已知“int a[ ] = {1,2,3,4},y, * p = a;”,则执行语句“y = ( *++ p)-- ;”之后，数组 a 各元素的值变为________。

A) 0,1,3,4　　B) 1,1,3,4　　C) 1,2,2,4　　D) 1,2,3,3

变量 y 的值是________。

A) 1　　B) 2　　C) 3　　D) 4

【1.69】已知“int a[ ] = {1,3,5,7},y, * p = a;”，为使变量 y 的值为 3，下列语句正确的是________。

A) y = ++ * p++ ;　　B) y = ++ ( * p++ ) ;

C) y = ( ++* p)++ ;　　D) y = ( * ++ p)++ ;

【1.70】已知“int x[ ] = { 1,3,5,7,9,11 }, * ptr = x;”，则能够正确引用数组元素的语句是______。

A) x　　B) * (ptr ++ )　　C) x[6]　　D) * ( -- ptr)

【1.71】已知“float * p;int a[ ] = {1,2,3,4};p = a;”,则“printf("%d", * p);”的输出是________。

A) 1　　B) 0　　C) 1.000000　　D) 0.000000

【1.72】已知“char * language[ ] = {"FORTRAN","BASIC","PASCAL","JAVA","C"};”,则“language[2]”的值是______。

A) 字符'P'　　B) 字符串"PASCAL"

C) 字符串"PASCAL"的首地址　　D) 不确定

【1.73】已知“char * p,ch;”，则不能正确赋值的语句组是______。

A) p = &ch;scanf("%c",p);

B) p = (char * )malloc(1); * p = getchar( );

C) * p = getchar( );p = &ch;

D) p = &ch; * p = getchar( );

【1.74】已知“int a[3][4], * p = a;p += 6;”,与 * p 的值相同的是______。

A) * (a +6)　　B) * (&a[0] +6)

C) * (a[1] +=2)　　D) * (&a[0][0] +6)

【1.75】已知“int i;char * s ="a\045 +045\'b";”,执行语句“for(i =0; * s++ ;i++ );”之后,变量 i 的结果是______。

A) 6　　B) 7　　C) 9　　D) 12

【1.76】已知“int i;char * s ="a\045 +045\'b";”,执行语句“for(i =0; * s++ ;i++ );”之后, * s 的值是______。

A) 'b'　　B) '\0'　　C) '\n'　　D) 不定

【1.77】已知“int c[4][5],( * p)[5];p = c;”,能正确引用 c 数组元素的是______。

A) p +1　　B) * (p +3)　　C) * (p +1) +3　　D) * (p[0] +2))

【1.78】已知“char a[ ] ="It is mine",char * p ="It is mine";”,则下列叙述中错误的是______。

A) a 中只能存放 10 个字符

B) a +1 表示的是字符 t 的地址

C) p 指向另外的字符串时,字符串的长度不受限制

D) p 变量中存放的地址值可以改变

【1.79】已知“int a[12] = {0}, *p[3], **pp,i;pp = p;”,则对数组元素的错误引用是______。

A) pp[0][1]　　B) a[10]　　C) p[3][1]　　D) *(*(p+2)+2)

【1.80】有定义如下:

```
struct sk
{   int a;
    float b;
}data, *p;
```

如果“p = &data;”,则能够正确引用结构变量 data 的成员 a 的是________。

A)(*).data.a　　B)(*p).a　　C) p->data.a　　D) p.data.a

【1.81】已知:

```
struct st
{   int n;
    struct st *next;
};
static struct st a[3] = {1,&a[1],3,&a[2],5,&a[0]}, *p;
printf("%d", ++(p->next->n));
```

如果下述语句的显示是2,则对 p 的赋值是________。

A) p = &a[0];　　B) p = &a[1];　　C) p = &a[2];　　D) p = &a[3];

【1.82】已知:

```
struct person
{   char name[10];
    int age;
}class[10] = {"LiMing",29,"ZhangHong",21,"WangFang",22};
```

下述表达式中,值为 72 的一个是________。

A) class[0]->age + class[1]->age + class[2]->age

B) class[1].name[5]

C) person[1].name[5]

D) class->name[5]

【1.83】已知:

```
struct
{   int i;
    char c;
    float a;
}test;
```

则 sizeof(test)的值是______。

A) 4　　B) 5　　C) 6　　D) 7

【1.84】已知:

```
union
{   int i;
```

```
    char c;
    float a;
}test;
```

则 sizeof(test)的值是______。

A) 4　　B) 5　　C) 6　　D) 7

【1.85】已知:

```
union u_type
{   int  i;
    char ch;
    float a;
}temp;
```

现在执行语句"temp.i = 266;printf("%d",temp.ch);"的结果是______。

A) 266　　B) 256　　C) 10　　D) 1

【1.86】若有以下程序段:

```
struct dent
{   int n;
    int  *m;
};
int a = 1,b = 2,c = 3;
struct dent s[3] = {{101,&a},{102,&b},{103,&c}};
struct dent  *p = s;
```

则以下表达式中值为 2 的是______。

A) (p++)->m　　B) *(p++)->m

C) (*p).m　　D) *(++p)->m

【1.87】已知结构变量的定义:

```
struct s1
{   int a;
    double b;
}x;
```

使用 alloc 函数为变量 x 分配内存,对 alloc 函数返回的地址进行类型转换的格式是________。

A) (struct s1)　　B) (struct s1 *)

C) (double)　　D) (double *)

【1.88】若有以下定义和语句:

```
union data
{   int i;
    char c;
    float f;
}a;
```

int n;

则以下语句正确的是______。

A) a=5;　　B) a={2,'a',1.2};

C) printf("%d\n",a);　　D) n=a;

【1.89】已知"enum week{sun,mon,tue,wed,thu,fri,sat} day;",则正确的赋值语句是________。

A) sun=0;　　B) san=day;　　C) sun=mon;　　D) day=sun;

【1.90】已知"enum color{red,yellow=2,blue,white,black} ren;",执行语句""ren=white""后,变量 ren 的值是________。

A) 0　　B) 1　　C) 3　　D) 4

【1.91】已知"enum name{zhao=1,qian,sun,li} man;",执行下述程序段后的输出是________。

```
man=0;
switch(man)
{   case 0:printf("People\n");
    case 1:printf("Man\n");
    case 2:printf("Woman\n");
    default:printf("Error\n");
}
```

A) People　　B) Man　　C) Woman　　D) Error

【1.92】下述关于枚举类型名的定义中,正确的是________。

A) enem a={one,two,three};　　B) enem a{one=9,two=-1,three};

C) enem a={"one","two","three"};　　D) enem a{'one','two','three'};

【1.93】C 语言中标准输入文件 stdin 是指______。

A) 键盘　　B) 显示器　　C) 鼠标　　D) 硬盘

【1.94】要打开一个已经存在的非空文件"file"用于修改,选择正确的语句________。

A) fp=fopen("file","r");　　B) fp=fopen("file","a+");

C) fp=fopen("file","w");　　D) fp=fopen("file","r+");

【1.95】在 C 盘 VC 子目录下已有名为"file"的文件,打开该文件的正确语句是________。

A) fp=fopen("file","r");　　B) fp=fopen("c:vc.file","r");

C) fp=fopen("c:\vc\file","r");　　D) fp=fopen("c:\\vc\\file","r");

【1.96】使用 fgetc 函数,则打开文件的方式必须是______。

A) 只写　　B) 追加

C) 读或读/写　　D) 参考答案 B 和 C 都正确

【1.97】已知文件 filea 中的内容是"this a test!\n1999-10-1\n",该文件已被文件指针 fp 打开。执行语句"fgets(s,20,fp);"后,字符数组 s 的内容是______。

A)"this a test!\n1999-1\0"　　B)"this a test!\n1999-10-1\nEOF"

C)"this a test!\n\0"　　D)"this a test!\0"

【1.98】已知宏定义如下:

```
#define N 3
#define Y(n)  ((N+1)*n)
```

执行语句“z=2*(N+Y(i+1));”后，变量 z 的值是________。

A)42　　B) 48　　C) 52　　D) 出错

【1.99】已知宏定义“#define SQ(x)x*x”，执行语句“printf("%d",10/SQ(3));”后的输出结果是________。

A)1　　B) 3　　C) 9　　D) 10

【1.100】已知宏定义如下：

```
#define PR printf
#define NL "\n"
#define D "%d"
#define D1 DNL
```

若程序中的语句是“PR(D1,a);”，经预处理后展开为________。

A) printf(%d\n,a);　　B) printf("%d\n",a);

C) printf("%d""\n",a);　　D) 原语句错误

## 【单项选择题参考答案】

【1.1】答案：A

注释：C 语言以字符的 ASCII 码方式处理字符，大小写字母的 ASCII 码值是不同的。

【1.2】答案：D

【1.3】答案：C

【1.4】答案：A

注释：int 型变量的长度由计算机的编译系统决定，基于 dos16 的 C 编译器中 int 型变量是 16 位的；在 64 位机器上运行 win32 系统，C 编译器中 int 型变量都是 32 位的。16 位的 int 型变量表示整数的范围是 -32 768 ~ 32 767，本书中 int 变量按 16 位二进制系统考虑。

【1.5】答案：B

注释：10 的阶乘的结果是 3628800，已经超出 int 型的数值范围。

【1.6】答案：D

注释：整型常量 -1 在计算机中表示为补码 1111 1111 1111 1111，调用 printf 函数用十六进制格式显示这个数时，直接将内存中保存的二进制数转换为十六进制输出，只有用十进制格式进行显示时，才将内存中保存的整数转换为原码再输出。

【1.7】答案：B

注释：变量 i 是长整型，占用内存 4 个字节，整数 32 768 在计算机内的表示是 00000000 00000000 10000000 00000000；而输出格式给定的是基本整型，所以仅输出内存中的后两个字节 10000000 00000000，其原码是 -32768；如果将输出格式改为%x，则输出 -1。注意在整型数输出时，输出格式的类型应与变量定义的类型一致，才能保证输出结果的正确。

【1.8】答案：A

注释：根据自动类型转换的规则，只要有实型数参加运算，运算对象都要转换为双

精度实型。

【1.9】答案：B

注释：数据的运算是在运算器中进行的，所谓类型转换，是指将运算对象送入运算器中进行保存时进行转换，内存中变量本身的类型并没有改变。

【1.10】答案：D

注释：由于单精度实型的有效数字为7位，当a达到0.9999999后，小数点7位以后的数字是随机的，总是小于1，故成为死循环。对实型数进行比较时，应该采用与比较对象的差达到一定精度要求的方式，如循环条件改为（1.0 - a）>0.000001。

【1.11】答案：C

注释：计算机都是按照从左向右的方向扫描表达式。结合性是为了让计算机理解表达式而作出的一种规则。例如，算术表达式8 -2，减法运算的结合性是从左向右，所以此式的意义是从8里减掉2结果为6；再如赋值运算符号的结合性是从右向左，则a = b + c * d的含义是将赋值号右值赋给变量a。不要将运算符号的结合性理解为运算顺序，否则会产生错误的结果。

【1.12】答案：A

注释：用'\'后接八进制或十六进制用转义字符方式表示字符的ASCII码，其后面的编码数值不大于255（一个字节可表示的最大数值）就是合法的。

【1.13】答案：D

注释：字符输入函数getchar、getche、getch的执行机制是不同的：getchar函数将键盘输入的字符保存在计算机内存中的键盘缓冲区中，当读取的字符是回车键为'\n'（其ASCII码是13）时，再将键盘缓冲区中的字符一个一个地顺序送入用户程序；getche、getch函数则将键盘输入的每一个字符立即送入用户程序，这两个函数读取键盘上回车键为'\r'，它的ASCII码值是10，读者可以上机体会。上述程序是一个死循环，将'\n'改为'\r'，则程序可以正常终止。

【1.14】答案：A

注释：字符串结束标志'\0'的ASCII码是0，在内存8位二进制的内容为00000000。

【1.15】答案：A

注释：C语言中的字符串可以是空字符串。

【1.16】答案：B

注释：单纯从C语言的语法规则来说，选项B、C都是正确的，但是选项C中第一个运算的两个对象都是整型常数，其结果也是整型数0，最后的运算结果也就是0了。

【1.17】答案：C

注释：用逗号连接起来的若干个表达式中，最后一个表达式的值是整个逗号表达式的值。

【1.18】答案：A

注释：由于条件运算符的结合性是从右向左，因此该条件表达式的含义是“a < b? a:(c < d? c:d)”，该条件表达式的最后一个运算对象“c < d?c:d”又是一个条件运

算表达式。

【1.19】答案：B

注释：求余运算结果的符号由第一个运算对象的符号决定。

【1.20】答案：B

注释：根据运算符号的优先级，该表达式“((20 - i) <= i) <= 9”的运算顺序是，先进行减法运算，运算的结果再与 i 进行关系运算，其结果再与 9 进行关系运算；因为“(20 - i) <= i”的结果是 0 或 1，肯定小于 9，所以整个表达式的值是 1。

【1.21】答案：B

注释：当根据一个运算对象的值即可决定逻辑运算“&&”的结果时，则另一个运算对象不做处理。此题根据运算符号的优先级，先进行关系运算“ ++ x >5”的结果是 0，整个逻辑运算“&&”的结果是 0，计算机不再对位于逻辑运算符“&&”后面的部分进行扫描和处理。

【1.22】答案：B

注释：因为 m 被赋 0，所以逻辑运算符“&&”后面的运算对象不做处理。

【1.23】答案：D

注释：根据题意，当变量 c 中保存的字符不是数字也不是字母时，表达式的值应是 1，选项 D 符合题意；而此种情况下选项 C 的值是 0，不符合题意。选项 A 和选项 B 中关系运算符应使用“ < ”和“ > ”，而不应是“ <= ”和“ >= ”。

【1.24】答案：A

注释：程序运行时是从左向右扫描表达式，扫描到变量 x 后面的第一个加号以后，又扫描到一个加号，它理解为“x ++”，于是它将第三个加号理解为加法运算符号，计算机对上述表达式的理解是“x ++　+　y ++　+　z ++”。编程时遇到类似问题时可通过增加括号或者是空格来提高程序的可读性。

【1.25】答案：D

注释：此题是十进制数 12 和八进制数 012 按位进行或运算。

【1.26】答案：B

注释：此题是变量 a 和 b 按位进行异或运算。异或运算的规则是当两个运算对象相同时为 0，不同时为 1。初始时 a = 0000 0011，b = 0000 0100；进行异或运算的结果是 0000 0111，此结果存入变量 a；再与变量 b 进行异或运算，结果为 0000 0011，存入变量 b；最后再与 a 进行异或运算，结果是 0000 0100，存入变量 a；此时用十进制表示 a 为 4，b 为 3。

【1.27】答案：D

注释：-15 的补码形式：1111 1111 1111 0001，右移 2 位后为 1111 1111 1111 1100（十进制 -4）。做右移运算，最高位是 0 时补 0，最高位是 1 时补 1；做左移运算，最低位补 0。

【1.28】答案：B

注释：十进制数 222 表示为二进制是 1101 1110，八进制数 052 表示为二进制数是 0010 1010，把这两个二进制数按位进行与运算，结果是 0000 1010。

【1.29】答案：A

注释：与1做异或运算，原数取反；与0做异或运算，原数不变。

【1.30】答案：C

注释：表达式“x% =y+z”等价于“x=x%(y+z)”，组合赋值运算符号左值与右侧整体进行运算。

【1.31】答案：C

注释：如果在scanf函数的输入格式字符串中写入了格式说明以外的字符，则要求在输入数据时原样输入这些字符。实际编程时要避免这种情况的发生。在格式说明字符串中的格式说明以%开始，以格式符结束。

【1.32】答案：D

注释：虽然选项A、B、C都是死循环，但是没有语法错误，而选项D中的do-while循环体中应该是一个语句，x++后面应有分号。

【1.33】答案：D

注释：在表达式“ch=getchar()!='\n'”中，因为条件运算“!=”的优先级高于赋值运算“=”，则getchar函数的返回值与转义字符'\n'做关系运算“!=”，再将运算结果赋值给字符变量ch，最后输入的回车符使“getchar()!='\n'”的结果为0，赋给变量ch。

【1.34】答案：A

注释：规范的C语言函数都设计有返回值，例如scanf函数的返回值是输入的数据的个数，printf函数的返回值是输出的字符的个数。

【1.35】答案：D

注释：scanf函数的输入格式说明中，不允许指定小数位数。

【1.36】答案：D

注释：当变量n的值不等于0时，选项A、B、C都是执行S1，只有选项D执行S2。

【1.37】答案：C

注释：当执行switch中的break语句，仅可跳出switch语句，不会跳出while循环。

【1.38】答案：A

注释：选项A中n保存的数值比i少1，当循环结束时，变量i保存的值已不满足循环条件，而n保存的值满足循环条件；选项B中n保存的数值与i相等，当循环结束时，变量n和i保存的值都不满足循环条件；选项C中的“s=s++ +i*i”被计算机理解为“s=s++ +i*i”，不符合题意；选项D中，变量n保存的数值比i少1。i++是后缀运算，做完关系运算后i值再加1，开始下次循环前将其赋给n。但是当i值已不满足循环条件，循环结束时，n保存的数值已经不满足循环条件了。

【1.39】答案：B

注释：每次循环变量x增加1、变量y减少1，当x=4、y=6时循环终止，循环被执行了4次。

【1.40】答案：D

注释：当除数y为0时，程序发生溢出错误。

【1.41】答案：C

注释：a是二维数组用来存储字符串，a[30]是地址，其值是：a的首地址+30×

20，显然在 a 数组的范围之外，程序将那个地址以后的内容输出出来，直到见到一个'\0'才停止。

【1.42】答案：B

注释：C 语言对数组元素在内存中按行排列进行保存，虽然在引用 a 数组元素时，习惯将 6 个元素下标写为 a[0][0]、a[0][1]、a[1][0]、a[1][1]、a[2][0]、a[2][1]，但 C 语言编译器不对数组元素进行下标越界检查，下标运算符“[]”的功能是根据数组的首地址和给出的下标进行运算决定元素的地址，对数组元素进行引用。二维数组元素地址的运算规则是：

元素地址 = 数组首地址 + 第 1 个下标 * 每维长度 + 第 2 个下标 * 每个元素长度

此题中，此数组的前 3 个元素的值分别是 3、2、1，其余元素数值为 0。a[0][2]是数组的第 3 个元素。

【1.43】答案：A

注释：在 C 语言中，数组名是数组的首地址。

【1.44】答案：C

注释：选项 A、B、D 在定义数组的时候赋初值，3 种方式都是合法的，而选项 C 的赋值号左侧是数组 s 的首地址，它是一个地址常量，不允许对常量重新赋值。

【1.45】答案：D

注释：选项 D 中的字符数组中缺少字符串结束标志。

【1.46】答案：C

注释：在 C 程序中数组名就是数组的首地址，所以指针变量 p 保存的是数组第 1 个元素的地址。

【1.47】答案：C

注释：通过此题了解数组的保存机制。对于二维数组定义为 a[i][j]，则说明此数组以 j 个数为一组，共有 i 组。数组名是数组的首地址，数组名与整数相加得到的是某一组的首地址，做 * 操作后得到的是此组中第一个数的地址，再与整数相加得到某数的地址，再做 * 操作则引用该数。

选项 A、B 只做一次 * 操作，得到的结果是地址；选项 D 的功能是，经过二次 * 操作引用 a[0][i]，再与整数 j 相加。

【1.48】答案：A

注释：形参 a 是一个指针变量，用来接收实参传来的数组的首地址。

【1.49】答案：A

注释：这是变量存储类型的基本概念。

【1.50】答案：D

注释：在 C 语言中，程序与文件是不同的概念，一个程序可以由一个文件组成，也可以由多个文件组成；一个文件中又可以包含多个函数；函数是构成 C 程序的基本单位。

变量的作用域因变量的存储类型不同而不同。auto 和 register 类型的变量的作用域是说明变量的当前函数；局部静态变量（定义在一个函数内部的 static 型的变量）的作用域是当前函数，全局静态变量（定义在函数外面的 static 型的变量）的作用域是当前文件，即可以跨越同一文件中的不同函数；外部变量的作用域是整个程序，即外部变量的作用域可以跨越多个文件。

【1.51】答案：A

注释：这是关于函数类型的定义。

【1.52】答案：A

注释：函数的数据类型说明被省略，按照C语言的规定，在这种情况下，表示它们是int型。

【1.53】答案：D

【1.54】答案：B

注释：选项A和D中函数类型使用缺省值，则其为int型函数；选项C将正弦函数值的平方转换为整型，故其小数部分不能返回。

【1.55】答案：D

注释：因为变量说明语句中标示符z后面是小括号，所以z是函数名，对函数类型进行说明时，小括号内可以填入参数的类型，但是不允许写参数名。

【1.56】答案：B

注释：函数fun1的类型没有说明，它认为是缺省的整型，所以只能将y值的整数部分返回。

【1.57】答案：B

注释：该函数的两个参数用来接受两个字符串的首地址，然后采用循环语句将字符串s1中的字符一个个地赋给s2。

【1.58】答案：C

注释：这是带参数的主函数，整型数argc保存在DOS环境下输入的字符串的个数，指针数组argv保存输入的各个字符串在内存中的首地址。题目中输入的第一个字符串"S"的地址保存在argv[0]中，在程序中没有被输出。

【1.59】答案：C

注释：递归程序都可以用非递归算法实现。

【1.60】答案：D

注释：选项A说明的是指向整型数据的指针变量；选项B说明的是一个指向整型数据的指针数组；选项C说明的是一个指向整型数组的指针变量；选项D说明的是一个指向整型函数的指针变量，用来保存整型函数的入口地址。

在说明语句中，根据运算符号的优先级来判断被说明对象的性质。此题中涉及的3个运算符号中，小括号“()”和方括号“[]”是最高级别的运算符号，而指针运算符“*”的优先级要低一级。在选项B中p首先与“[]”结合而被编译系统解释为一个数组名，因其前面的“*”号说明它是指针数组。在选项C、D中先要解释左侧“()”中的内容，根据*p可知p是一个指针变量名；选项C中第一个小括号后是“[]”，则p是指向数组的指针变量，方括号中的“4”说明4个整型数为一组；选项D中第一个小括号后是“()”，则p指向函数的指针变量。

【1.61】答案：C

注释：此题中由于 * 和 p 被小括号括起，所以 p 应被解释为一个指针变量，而后的下标运算符“ [ ]”说明所指向的对象是 4 个 int 型元素为一组的一维数组。

【1.62】答案：B

注释：选项 B 有两处错误，一是数组名是地址常量，不能出现在赋值号的左侧；二是指针变量只能和整数做加法，不能和作为地址常量的数组名相加。

【1.63】答案：D

注释：s 作为数组名是地址常量，而 s++ 是 s = s + 1，C 语言不允许对常量进行赋值。

【1.64】答案：C

注释：此题赋值运算的右值是一个字符串常量，程序运行时首先将这个字符串保存在内存的某个位置，然后将字符串的首地址返回进行保存。选项 A 中 s 是地址常量，不允许对它赋值，选项 B 和选项 D 中赋值号左值是字符数组的第一个元素，只能保存一个字符，不能用来保存内存地址。选项 C 中，ps 是指针变量，保存字符串常量“12345”的首地址，并不是将字符串“12345”保存到数组 s。

【1.65】答案：C

注释：根据 C 语言字符串的操作规则，调用 printf 函数按照“%s”格式输出字符串，应给出欲输出的字符串的首地址。本题中 a 是二维数组的首地址，根据地址运算规则，对 a 进行地址运算是按组进行的，所以 a + 1 的结果是数组的第二行的首地址，即此处的 1 的增量不是 1 个字节，而是数组的“一行”，A 选项正确；*（a + 1）运算的结果也是地址量，但它是第二行第一个字符的地址，根据这个地址输出，其结果也是正确的；选项 C 先对 a 做 * 运算，其结果也是地址，但是含义已是数组一个元素的地址，再做加 1 运算时，其增量是一个字节，*a + 1 的结果是字符'e'的地址，按此地址输出结果是“eiJing”；选项 D 通过取地址操作直接取字符'S'的地址输出，输出结果也是正确的。

我们用一个日常生活中熟悉的例子，来理解上述地址运算的规则：一个学校的学生每 450 人为一个系、每 30 人为一个班、每 10 个人为一个小组。从学校层面上按系进行统计时，统计完某个系后，再统计下一个，则下一个是指下一个系；在专业系的层面上，是按班级进行统计的，则下一个是指下一个班；在班级层面上下一个是指下一个组；只有到小组的层面上，下一个才是指下一个人。在不同的层面上，“下一个”所指的对象是不一样的。

【1.66】答案：A

注释：按照前述规则来理解本题各个选项的含义。

选项 A 中，a 是二维数组的首地址，与整数进行运算时是以组为单位的，故 a + 1 就是数组第二组的首地址，*(a + 1)则是第二组第一个元素的地址，*(a + 1) + 2 是元素的地址，再做 * 操作就是 a[1][2]了。

选项 B 中，p 是一个一级指针，对它进行了两次 * 运算是错误的。

选项 C 中，ptr 是一个指向 3 个数为一组的数组指针，初始化时被赋值指向 a 数组的第一组，对它进行一次 * 操作后是第一组中的第一个元素的地址，加 1 后是第二个元素的地址，再加 2 后是第四个元素的地址，即数组中数值为 4 的元素的地址，为 *((ptr + 1)[2])。

选项D中，ptr+1是数组第二组的首地址，根据后面“[]”中的2，它的地址增加两个一维数组的长度，即第四组第一个数的地址，再做*运算就是数10，即a[3][0]。

【1.67】答案：B

注释：在给出数组元素初值的情况下，C语言允许数组定义时省略第一个下标，此时编译系统将根据初值的个数确定下标。此例中由于给出5个初值，而第二维长度为3，所以第一维的长度是2。

【1.68】答案：B　B

注释：p原先指向数组的第一个元素，做前加1运算后指向第二个元素，做*操作取内容赋给变量y，则y保存的数值是2；然后数组的第二个元素再减1，a[1]变为1。

【1.69】答案：D

注释：此题目的是正确区分运算的对象和运算顺序。选项A中，对p做*操作运算对象为a[0]，做前加1后a[0]变为2，将其赋给y，最后对p加1，指针变量保存数组a首地址前面两个字节的地址；选项B中，小括号没有改变运算的顺序，运算结果与选项A相同；选项C中，后加1的运算对象是a[0]，p的指向没有改变；选项D中，先对p做前加1运算，其指向a[1]，做*操作将3赋给y，然后a[1]做加1变为4。

【1.70】答案：B

注释：选项A是数组的首地址；选项B首先对ptr做*操作引用数组元素x[0]，然后对ptr加1，指向x[1]；选项C中的数组下标越界；选项D中对指针变量ptr做前减1运算后，ptr指向数组的前面，也越界。

【1.71】答案：B

注释：指针变量的数据类型说明了指针变量所指向的目标变量的数据类型，二者必须一致，否则会发生错误。

【1.72】答案：C

注释：“language”是指针数组，数组元素保存的是字符串的首地址。

【1.73】答案：C

注释：在选项C中，对指针变量p赋初值的语句在后，引用指针变量p的语句在前，指针变量p的初值是不定的。

【1.74】答案：D

注释：p是指向整型变量的指针，其初始指向数组a的第1个元素，执行语句“p+=6;”后指向数组的第7个元素，即指向a[1][2]。

选项A中的a和选项B中的&a[0]是数组的首地址，此地址与整型数进行运算时，以4个整型数为一组的长度为增量，因数组仅有这样的3组数，执行加6后得到的地址已经超出数组a的范围。

选项C是错误的，因为数组名是地址常量，不允许重新赋值。

选项D中，用&a[0][0]得到第1个元素的地址，此地址与整型数进行运算时，以整型数的长度为增量，所以选项D是a[1][2]。

【1.75】答案：B

注释：当指针变量 s 指向字符串结束标志时，循环结束。循环进行了 8 次，i 从 0 开始到 8 结束。

【1.76】答案：D

注释：当指针变量 s 指向字符串结束标志'\0'时，循环结束，在退出循环前还要执行一次后加 1，指针 s 已经指向字符串结束标志后的内存单元，故其值是不定的。

【1.77】答案：D

注释：选项 A 是第 2 组的首地址、选项 B 是第 4 组第 1 个数据元素的地址、选项 C 是第 2 组第 4 个数组元素的地址。选项 D 中，p 是指向以 5 个整型数为一组的整型数组的指针，p[0]是第 1 组的地址，p[0]+2 是第 1 组第 3 个数组元素的地址，做 * 运算后引用该地址的数据，即是数组元素 c[0][2]。

【1.78】答案：A

注释：此例数组 a 的长度是 11，可以存放 11 个字符。

【1.79】答案：C

注释：p 是一个指针数组，它有 3 个元素，分别是 p[0]、p[1]、p[2]，没有元素p[3]。

【1.80】答案：B

注释：选项 A 中 * 运算缺少对象；选项 C 中，因为 p 已经指向结构变量 data，正确引用其成员应是 p -> a；选项 D 也是引用结构成员的格式错误。

【1.81】答案：C

注释：选项 A 中，结构变量指向 a[0]，则 p -> next 是 a[1]的地址，再引用成员 n 又做前加 1，输出是 4；选项 B 中指针变量 p 指向 a[1]，最后输出是 6；选项 D 中，p 的指向超出数组 a 的范围；选项 C 中 p 指向 a[2]，则 p -> next 是 a[0]的地址，引用其成员 n 再做前增 1 运算，结果就是 2。

【1.82】答案：B

注释：选项 A 中，引用结构成员的格式错误，正确的引用方式是 class[0].age；选项 B 是字符串“ZhangHong”的第 6 个字符'H'，它的 ASCII 码值是 72；选项 C 和 D 引用结构成员的格式都是错误的。

【1.83】答案：D

注释：结构变量占用的内存字节数是各个成员的长度之和。

【1.84】答案：A

注释：联合变量占用的内存字节数是诸成员中最大的成员的长度。

【1.85】答案：C

注释：联合变量 temp 的成员共用 4 个字节的存储单元，将 266 赋给成员 i 后，存储单元低端两个字节的内容如下图所示：

| 高字节 | 0 | 0 | 0 | 0 | 0 | 0 | 0 | 1 |
|---|---|---|---|---|---|---|---|---|
| 低字节 | 0 | 0 | 0 | 0 | 1 | 0 | 1 | 0 |

引用 temp. ch 进行输出，只取地址最低的第一个字节。

【1.86】答案：D

注释：由于结构指针 p 指向了结构数组元素 s[0]。选项 A 表达式的值是变量 a 的地址，选项 B 表达式的值是变量 a 的值，选项 C 表达式的值是变量 a 的地址，选项 D 中，先将指针 p 加 1 而指向结构数组元素 s[1]，然后根据结构成员 m 所保存的地址，取出变量 b 的值 2。

【1.87】答案：B

注释：当指针指向某个对象时，系统需要知道该对象的数据类型，alloc 函数返回的地址为 void 型，需要将其转换为 struct s1 型的地址。

【1.88】答案：C

注释：选项 A 的错误在于没有指明被赋值的成员；选项 B 是错误的赋值方式；选项 D 没有指出成员，也是非法的赋值语句。

【1.89】答案：D

注释：赋值运算符的左值不允许是常量，前 3 个选项的左值都是枚举值常量，只有选项 D 的左值才是枚举变量。

【1.90】答案：D

注释：枚举值按照位置，与数值 0、1、2…相对应，当说明语句中重新定义 yellow = 2 后，其后面的枚举值则和数值 3、4…相对应。

【1.91】答案：A

注释：虽然说明语句中枚举值定义从数值 1 开始，但是仍允许用数值 0 对其赋值。

【1.92】答案：B

注释：只有选项 B 是对枚举类型名的正确定义的格式。

【1.93】答案：A

【1.94】答案：D

注释：在文件打开模式中,"r +"模式能够从文件中读取内容并进行修改，新写内容覆盖原有内容。而"r"模式仅允许读取内容，而用"w"模式打开一个已存在的文件，则该文件的内容被清空，而"a +"模式是在文件的末尾进行追加。

【1.95】答案：D

注释：由于'\'在 C 语言中有特殊用处，所以在字符串中表示字符'\'时，需使用转义字符格式'\\'。

【1.96】答案：C

注释：fgetc 函数是从文件中读取字符，所以应该是读或读写模式；如果使用只写方式打开文件，则文件中的原有内容被删除，而用追加方式打开，则位置指针被置于文件尾。

【1.97】答案：C

注释：fgets 函数的原型是 fgets(chat *s,int n,FILE *fp)，功能是从 fp 所指向的文

件中读取 n-1 个字符，存入 s 所指向的地址，当读到'\ n'时，停止读取字符，将'\ n'存入数组并以'\ 0'结束。

【1.98】答案：B

注释：用 3 替换第二个宏定义中的 N，则 Y(n)的宏定义成为((3+1)*n)，根据语句可知 n 为 i+1，则完成替换的语句是"z=2*(3+((3+1)*i+1))"。注意宏替换是直接的文本替换，此例中用 i+1 去替换 n，替换时不要在 1 后增加右括号。

【1.99】答案：C

注释：宏替换后的结果是"printf ("%d", 10/3*3)"。

【1.100】答案：C

注释：printf 函数中的输出格式参数允许"%d""\ n"形式。

## 二、阅读程序题

导读：学会阅读程序对于初学者来说很重要，一方面可以巩固所学的语法知识，另一方面通过阅读别人写好的程序来打开自己的思路，即所谓见多识广。读者通过阅读理解程序，从给出的 4 个备选参考答案中，选择程序的正确输出。如果选择有误，就要认真分析原因，是概念方面的错误还是对程序逻辑理解不对，从而加深对语法规则的理解，提高程序设计能力。程序设计语言是开发程序的一个工具，学习语言的目的是为了编写程序来解决实际问题，所以特别提倡通过实际上机来检验备选答案，增强动手能力。习题基本上是按照教材的章节来安排的，读者可以根据学习的进度选择部分习题。对于 int 型变量的长度，本书按 16 位二进制处理。

【2.1】以下程序的输出结果是______。

```
#include <stdio.h>
main( )
{   float a;
    a=1/100000000;
    printf("%g\n",a);
}
```

A) 0.00000e+00　　B) 0.0　　C) 1.00000e-07　　D) 0

【2.2】下面程序的输出结果是________。

```
#include <stdio.h>
main( )
{   int x=10;
    {   int x=20;
        printf ("%d,",x);
    }
    printf("%d\n",x);
}
```

A）10，20　　B）20，10　　C）10，10　　D）20，20

【2.3】以下程序的输出结果是________。

```
#include <stdio.h>
main()
{   unsigned int n;
    int i = -521;
    n = i;
    printf("n = %u\n",n);
}
```

A）n = -521　　B）n = 521　　C）n = 65015　　D）n = 102170103

【2.4】以下程序的输出结果是______。

```
#include <stdio.h>
main ( )
{   int x = 10, y = 10;
    printf ("%d  %d\n", x--, --y);
}
```

A）10　10　　B）9　9　　C）9　10　　D）10　9

【2.5】以下程序的输出结果是________。

```
#include <stdio.h>
main()
{   int n = 1;
    printf("%d %d %d\n",n,n++,n--);
}
```

A）1 1 1　　B）1 0 1　　C）1 1 0　　D）1 2 1

【2.6】以下程序的输出结果是________。

```
#include <stdio.h>
main ()
{   int x = 0x02ff, y = 0x0ff00;
    printf ("%d\n", (x&y) >>4 | 0x005f);
}
```

A）127　　B）255　　C）128　　D）1

【2.7】以下程序的输出结果是________。

```
#include <stdio.h>
main()
{   int a = 1;
    char c = 'a';
    float f = 2.0;
    printf("%d\n",(! (a == 0),f! = 0 && c == 'A'));
}
```

A) 0　　B) 1

【2.8】下面程序的输出结果是________。

```
#include  <stdio.h>
main( )
{   int  a=1,i=a+1;
    do
    {   a++;
    }while(! i++ >3);
     printf("%d\n",a);
}
```

A) 1　　B) 2　　C) 3　　D) 4

【2.9】下面程序的输出结果是________。

```
#include  <stdio.h>
main( )
{   int  a=111;
    a=a^0;
    printf("%d,%o\n",a,a);
}
```

A) 111, 157　　B) 0, 0　　C) 20, 24　　D) 7, 7

【2.10】下面程序的输出结果是________。

```
#include  <stdio.h>
main( )
{   char  s[12] =  "a  book!";
    printf("%.4s",s);
}
```

A) a book!　　B) a book! <四个空格>

C) a bo　　D) 格式描述错误，输出不确定

【2.11】从键盘键入“123456”，下面程序的输出结果是________。

```
#include  <stdio.h>
main( )
{   int  a,b;
    scanf("%2d%3d",&a,&b);
    printf("a=%d  b=%d\n",a,b);
}
```

A) a=12 b=34　　B) a=123 b=45　　C) a=12 b=345　　D) 语句有错误

【2.12】以下程序段的输出结果是______。

```
int  a=10,b=50,c=30;
if (a>b)
  a=b;
```

```
b = c;
c = a;
printf("a = %d  b = %d  c = %d\n",a,b,c);
```

A） a = 10  b = 50  c = 10　　B） a = 10  b = 30  c = 10

C） a = 50  b = 30  c = 10　　D） a = 50  b = 30  c = 50

【2.13】以下程序的输出结果是______。

```
#include <stdio.h>
main()
{  int a = 0,b = 1,c = 0,d = 20;
   if(a)
     d = d - 10;
   else if(!b)
        if(!c)
          d = 15;
        else
          d = 25;
   printf("d = %d\n",d);
}
```

A） d = 10　　B） d = 15　　C） d = 20　　D） d = 25

【2.14】下面程序的输出结果为______。

```
#include <stdio.h>
main()
{  int a = 1,b = 0;
   switch(a)
   {  case 1:  switch (b)
               {  case 0:  printf("**0**");  break;
                  case 1:  printf("**1**");  break;
               }
      case 2:  printf("**2**");   break;
   }
}
```

A） **0**　　B） **0****2**　　C） **0****1****2**　　D）有语法错误

【2.15】以下程序的输出结果是______。

```
#include <stdio.h>
main()
{  char *s = "12134211";
   int v1 = 0,v2 = 0,v3 = 0,v4 = 0,k;
   for(k = 0;s[k];k++)
     switch(s[k])
```

```
    { case '1':v1++;
      case '3':v3++;
      case '2':v2++;
      default:v4 ++;
    }
    printf("v1 = %d,v2 = %d,v3 = %d,v4 = %d\n",v1,v2,v3,v4);
}
```

A）v1 =4，v2 =2，v3 =1，v4 =1　　B）v1 =4，v2 =9，v3 =3，v4 =1

C）v1 =5，v2 =8，v3 =6，v4 =1　　D）v1 =4，v2 =7，v3 =5，v4 =8

【2.16】下面程序的输出是______。

```
#include <stdio.h>
main()
{ int x =1,y =0,a =0,b =0;
  switch(x)
  { case 1: switch(y)
            { case 0:a++;break;
              case 1:b++;break;
            }
    case 2: a++;b++;break;
  }
  printf("a = %d,b = %d\n",a,b);
}
```

A）a =2，b =1　　B）a =1，b =1　　C）a =1，b =0　　D）a =2，b =2

【2.17】执行下面程序时，输入：

2 <回车>

ab <回车>

输出是________。

```
#include <stdio.h>
main()
{ int i,n;
  char ch;
  scanf("%d",&n);
  for(i =0;i <n;i ++)
  { ch = getchar();
    printf("%c",ch);
  }
}
```

A）a　　B）<回车><br>a　　C）ab　　D）<回车><br>ab

【2.18】下面程序的输出结果是________。

```
#include  <stdio.h>
main()
{  int  a=1,b=0;
   do
   {  switch(a)
      {  case  1:b=1;break;
         case  2:b=2;break;
         default:b=0;
      }
      b=a+b;
   }while(!b);
   printf("a=%d,b=%d",a,b);
}
```

A）a=1，b=2　　B）a=2，b=1　　C）a=1，b=1　　D）a=2，b=2

【2.19】从键盘上输入“446755”时，下面程序的输出是________。

```
#include  <stdio.h>
main()
{  int  c;
   while((c=getchar())!='\n')
     switch(c -  '2')
     {  case  0:
        case  1:putchar(c+4);
        case  2:putchar(c+4);break;
        case  3:putchar(c+3);
        default:putchar(c+2);break;
     }
   printf("\n");
  }
```

A）888988　　B）668966　　C）88898787　　D）66898787

【2.20】下面程序的输出结果是________。

```
#include  <stdio.h>
main()
{  int  k=0;
   char  c='A';
   do
   {  switch(c++)
      {  case  'A':k++;break;
         case  'B':k--;
```

```
            case 'C':k += 2;break;
            case 'D':k = k%2;continue;
            case 'E':k = k + 10;break;
            default:k = k/3;
        }
        k ++;
    }while(c < 'C') ;
    printf("k = % d\n",k);
}
```

A) k = 1　　B) k = 2　　C) k = 3　　D) k = 4

【2.21】下面程序的输出结果是______。

```
#include  < stdio. h >
main()
{   int x,i;
    for(i = 1;i <= 100;i ++)
    {   x = i;
        if( ++x%2 == 0)
            if( ++x%3 == 0)
               if( ++x%7 == 0)
                  printf("% d",x);
    }
}
```

A) 39 81　　B) 42 84　　C) 26 68　　D) 28 70

【2.22】下面程序的输出结果是______。

```
#include  < stdio. h >
main(  )
{   int i,k,a[10],p[3];
    k = 5;
    for (i = 0;i < 10;i ++)
        a[i] = i;
    for (i = 0;i < 3;i ++)
        p[i] = a[i * (i + 1)];
    for (i = 0;i < 3;i ++)
        k + = p[i] * 2;
    printf("% d\n",k);
}
```

A) 20　　B) 21　　C) 22　　D) 23

【2.23】假定从键盘上输入“3.6, 2.4 <回车>”，下面程序的输出是______。

```
#include  < math. h >
```

```
main()
{   float x,y,z;
    scanf("%f,%f",&x,&y);
    z=x/y;
    while(1)
    {   if(fabs(z)>1.0)
        {   x=y;
            y=z;
            z=x/y;
        }
        else
            break;
    }
    printf("%f\n",y);
}
```

A) 1.500000　　B) 1.600000　　C) 2.000000　　D) 2.400000

【2.24】下面程序的输出结果是______。

```
#include <stdio.h>
main()
{   int i,j,x=0;
    for(i=0;i<2;i++)
    {   x++;
        for(j=0;j<-3;j++)
        {   if(j%2)
                continue;
            x++;
        }
        x++;
    }
    printf("x=%d\n",x);
}
```

A) x=4　　B) x=8　　C) x=6　　D) x=12

【2.25】下面程序的输出结果是______。

```
#include <stdio.h>
main()
{   int i,j,k=10;
    for(i=0;i<2;i++)
    {   k++;
        {   int k=0;
```

```
            for(j =0;j <=3;j ++ )
            {   if(j%2)
                   continue;
                k ++ ;
            }
        }
        k ++ ;
    }
    printf("k = % d\n",k);
}
```

A) k =4　　B) k =8　　C) k =14　　D) k =18

【2.26】下面程序的输出结果是______。

```
#include  < stdio. h >
main( )
{   int  n[3][3],i,j;
    for(i =0;i <3;i++ )
       for (j =0;j <3;j++ )
          n[i][j] =i +j;
    for(i =0;i <2;i++ )
       for (j =0;j <2;j++ )
          n[i +1][j +1] + =n[i][j];
    printf("% d\n",n[i][j]);
}
```

A) 14　　B) 0　　C) 6　　D) 不确定

【2.27】下面程序的输出结果是______。

```
#include  < stdio. h >
main( )
{   int a[4][5] ={1,2,4, -4,5, -9,3,6, -3,2,7,8,4};
    int  i,j,n;
    n =9;
    i =n/5;
    j =n -i *5 -1;
    printf("% d\n",i,j,a[i][j]);
}
```

A) 6　　B) -3　　C) 2　　D) 不确定

【2.28】下面程序的输出结果是______。

```
#include  < stdio. h >
int  m[3][3] ={ {1},{2},{3} };
int  n[3][3] ={ 1,2,3 };
```

```
main( )
{  printf("%d\n",m[1][0] + n[0][0] );      /*  ①  */
   printf("%d\n",m[0][1] + n[1][0] );      /*  ②  */
}
```

①A) 0　　B) 1　　C) 2　　D) 3

②A) 0　　B) 1　　C) 2　　D) 3

【2.29】下面程序的输出结果是______。

```
#include <stdio.h>
main( )
{  char s1[50] = {"some string *"},s2[ ] = {"test"};
   printf("%s\n",strcat(s1,s2));
}
```

A) some string *　　B) test

C) some stritest　　D) some string *test

【2.30】下面程序的输出结果是______。

```
#include <stdio.h>
f(char *s)
{  char *p = s;
   while( *p!='\0')
        p++;
   return(p - s);
}
main()
{  printf("%d\n",f("ABCDEF"));
}
```

A) 3　　B) 6　　C) 8　　D) 0

【2.31】下面程序的输出结果是______。

```
#include <stdio.h>
#include <string.h>
main( )
{  char str[100] ="How do you do";
   strcpy( str + strlen(str)/2,"es she");
   printf("%s\n",str);
}
```

A) How do you do　B) es she　　C) How are you　　D) How does she

【2.32】下面程序的输出结果是______。

```
#include <stdio.h>
func(int a,int b)
{  int c;
```

```
    c = a + b;
    return(c);
}
main()
{   int x = 6, y = 7, z = 8, r;
    r = func((x-- , y++ , x + y), z-- );
    printf("%d\n", r);
}
```

A) 11　　B) 20　　C) 21　　D) 31

【2.33】下面程序的输出结果是______。

```
#include <stdio.h>
void fun(int *s)
{   static int j = 0;
    do
    {   s[j] += s[j + 1];
    } while( ++j < 2);
}
main()
{   int k, a[10] = {1,2,3,4,5};
    for (k = 1; k < 3; k++ )
        fun(a);
    for (k = 0; k < 5; k++ )
        printf("%d", a[k]);
}
```

A) 35756　　B) 23445　　C) 35745　　D) 12345

【2.34】下面程序的输出结果是______。

```
#include <stdio.h>
int k = 1;
main( )
{   int i = 4;
    fun(i);
    printf ("\n%d, %d", i, k);      /*  ①  */
}
fun(int m)
{   m += k; k += m;
    {   char k = 'B';
        printf("\n%d", k - 'A');     /*  ②  */
    }
    printf("\n%d, %d", m, k);       /*  ③  */
```

```
}
```

①A）4，1　　　　B）5，6

C）4，6　　　　D）A，B，C 参考答案都不对

②A）1　　　　B）-59

C）-64　　　　D）A，B，C 参考答案都不对

③A）5，66　　　　B）1，66

C）5，6　　　　D）A，B，C 参考答案都不对

【2.35】下面程序的输出结果是______。

```
#include <stdio.h>
fun(int n,int *s)
{  int f1,f2;
   if(n==1 || n==2)
        *s=1;
   else
   {  fun(n-1,&f1);
      fun(n-2,&f2);
      *s=f1+f2;
   }
}
main()
{  int x;
   fun(6,&x);
   printf("%d\n",x);
}
```

A）6　　B）7　　C）8　　D）9

【2.36】下面程序的输出结果是______。

```
#include <stdio.h>
int w=3;
main()
{  int w=10;
   printf("%d\n",fun(5)*w);
}
fun(int k)
{  if (k==0)
     return(w);
   return(fun(k-1)*k);
}
```

A）360　　B）3600　　C）1080　　D）1200

【2.37】下面程序的输出结果是______。

```
#include  <stdio.h>
funa(int a)
{  int b=0;
   static int c=3;
   a=c++,b++;
   return(a);
}
main()
{  int a=2,i,k;
   for (i=0;i<2;i++)
      k=funa(a++);
   printf("%d\n",k);
}
```

A) 3　　B) 0　　C) 5　　D) 4

【2.38】下面程序的输出结果是______。

```
#include  <stdio.h>
void num()
{  extern int x,y;
   int a=15,b=10;
   x=a-b;
   y=a+b;
}
int x,y;
main()
{  int a=7,b=5;
   x=a-b;
   y=a+b;
   num();
   printf("%d,%d\n",x,y);
}
```

A) 12，2　　B) 5，25　　C) 1，12　　D) 输出不确定

【2.39】下面程序的输出结果是______。

```
#include  <stdio.h>
main()
{  int a=2,i;
   for (i=0;i<3;i++)
      printf("%4d",f(a));
}
f(int a)
```

```
{   int b = 0;
    static int c = 3;
    b++;
    c++;
    return(a + b + c);
}
```

A) 7 7 7　　B) 7 10 13　　C) 7 9 11　　D) 7 8 9

【2.40】下面程序的输出结果是______。

```
#include  <stdio.h>
try( )
{   static int x = 3;
    x++;
    return(x);
}
main( )
{   int i,x;
    for (i = 0; i <= 2; i++ )
        x = try( );
    printf("%d\n",x);
}
```

A) 3　　B) 4　　C) 5　　D) 6

【2.41】下面程序的输出结果是______。

```
#include  <stdio.h>
main( )
{   int x = 1;
    void f1( ),f2( );
    f1( );
    f2(x);
    printf("%d\n",x);
}
void f1(void)
{   int x = 3;
    printf("%d ",x);
}
void f2(int x)
{   printf("%d ", ++x);
}
```

A) 1 1 1　　B) 2 2 2　　C) 3 3 3　　D) 3 2 1

【2.42】下面程序的输出结果是______。

```
#include <stdio.h>
#define SUB(X,Y)(X)*Y
main()
{ int a=3,b=4;
  printf("%d\n",SUB(a++,b++));
}
```

A) 12　　B) 15　　C) 16　　D) 20

【2.43】下面程序的输出结果是______。

```
#include <stdio.h>
main()
{ int a[]={1,2,3,4,5,6};
  int *p;
  p=a;
  printf("%d ",*p);
  printf("%d ",*(++p));
  printf("%d ",*++p);
  printf("%d ",*(p--));
  p+=3;
  printf("%d %d ",*p,*(a+3));
}
```

A) 1 2 3 3 5 4　　B) 1 2 3 4 5 6　　C) 1 2 2 3 4 5　　D) 1 2 3 4 4 5

【2.44】下面程序的输出结果是______。

```
#include <stdio.h>
main()
{ int a[3][4]={1,2,3,4,5,6,7,8,9,10,11,12};
  int *p=a;
  p+=6;
  printf("%d ",*p);                /* ① */
  printf("%d ",*(*(a+6)));         /* ② */
  printf("%d ",*(a[1]+=2));        /* ③ */
  printf("%d",*(&a[0][0]+6));      /* ④ */
}
```

A) 7 7 7 7　　B) ②句语法错误　　C) ③句语法错误　　D) ④句语法错误

【2.45】下面程序的输出结果是______。

```
#include <stdio.h>
#define FMT "%X\n"
main( )
{ static int a[][4]={1,2,3,4,5,6,7,8,9,10,11,12};
  printf( FMT,a[2][2]);           /* ① */
```

```
    printf( FMT, *( *(a+1) +1) );        /*  ②  */
}
```

①A) 9　　B) 11

C) A　　D) B

②A) 6　　B) 7

C) 8　　D) 前面三个参考答案均是错误的

【2.46】下面程序的输出结果是______。

```
#include <stdio.h>
main( )
{   int a[ ] = {1,2,3,4,5} ;
    int x,y, *p;
    p = &a[0];
    x = *(p+2);
    y = *(p+4);
    printf("%d,%d,%d\n", *p,x,y);
}
```

A) 1, 3, 5　　B) 1, 2, 3　　C) 1, 2, 4　　D) 1, 4, 5

【2.47】下面程序的输出结果是______。

```
#include <stdio.h>
void ive(x,n)
int x[ ],n;
{   int t, *p;
    p = x + n - 1;
    while(x < p)
    {   t = *x;
        *x++ = *p;
        *p-- = t;
    }
    return;
}
main( )
{   int i,a[ ] = {1,2,3,4,5,6,7,8,9,0};
    ive(a,10);
    for (i=0;i<10;i++)
        printf("%d  ",a[i]);
    printf("\n");
}
```

A) 1 2 3 4 5 6 7 8 9 0　　B) 0 9 8 7 6 5 4 3 2 1

C) 1 3 5 7 9 2 4 6 8 0　　D) 0 8 6 4 2 9 7 5 3 1

【2.48】下面程序的输出结果是______。

```
#include  <stdio.h>
#include "string.h"
fun(char  *w,int  n)
{  char  t, *s1 , *s2;
   s1 =w;s2 =w +n -1;
   while(s1 <s2)
   {   t = *s1++ ;
       *s1 = *s2-- ;
       *s2 =t;
   }
}
main()
{  static  char  *p ="1234567";
   fun(p,strlen(p));
   printf("%s",p);
}
```

A）7654321　　B）1717171　　C）7171717　　D）1711717

【2.49】下面程序的输出结果是______。

```
#include  <stdio.h>
char  *p ="abcdefghijklmnopq";
main(  )
{  int  i =0;
   while(  *p++ != 'e');
   printf("%c\n", *p);
}
```

A）c　　B）d　　C）e　　D）f

【2.50】下面程序的输出结果是______。

```
#include  <stdio.h>
f(int  x,int  y)
{  return  (y -x);
}
main(  )
{  int  a =5,b =6,c;
   int  f(),( *g)() =f;
   printf("%d\n",( *g)(a,b)  );
}
```

A）1　　B）2

C）3　　D）前面三个参考答案均是错误的

【2.51】下面程序的输出结果是______。

```
#include <stdio.h>
main( )
{   int a=1, *p, **pp;
    pp=&p;
    p=&a;
    a++;
    printf("%d,%d,%d\n",a, *p, **pp);
}
```

A）2，1，1　　B）2，1，2
C）2，2，2　　D）程序有错误

【2.52】下面程序的输出结果是______。

```
#include <stdio.h>
main()
{   char *alpha[7]={"ABCD","EFGH","IJKL","MNOP","QRST","UVWX","YZ"};
    char **p;
    int i;
    p=alpha;
    for (i=0;i<4;i++)
        printf("%c", *(p[i]));
    printf("\n");
}
```

A）AEIM　　B）BFJN　　C）ABCD　　D）DHLP

【2.53】下面程序的输出结果是______。

```
#include <stdio.h>
char *pp[2][3]={ "abc","defgh","ijkl","mnopqr","stuvw","xyz"};
main( )
{   printf("%c\n", ***(pp+1));                    /*  ①  */
    printf("%c\n", **pp[0]);                      /*  ②  */
    printf("%c\n",(*(*(pp+1)+1))[4]);             /*  ③  */
    printf("%c\n", *(pp[1][2]+2));                /*  ④  */
    printf("%s\n", **(pp+1));                     /*  ⑤  */
}
```

①A）a　　B）d　　C）i　　D）m
②A）a　　B）d　　C）i　　D）m
③A）h　　B）l　　C）q　　D）w
④A）k　　B）o　　C）u　　D）z
⑤A）ijkl　　B）mnopqr　　C）stuvw　　D）xyz

【2.54】下面程序的输出结果是______。

```
#include  <stdio.h>
struct  str1
{   char  c[5];
    char  *s;
};
main( )
{   struct  str1  s1[2] = { {"ABCD","EFGH"},{"IJK","LMN"} };
    struct  str2
    {   struct  str1  sr;
        int  d;
    }s2 = {"OPQ","RST",32767};
    struct  str1  *p[2];
    p[0] = &s1[0];
    p[1] = &s1[1];
    printf("%s", ++p[1]->s);                    /*  ①  */
    printf("%c",s2.sr.c[2]);                    /*  ②  */
}
```

①A）LMN　　B）MN　　C）N　　D）IJK

②A）O　　B）P　　C）Q　　D）R

【2.55】以下程序的输出结果是______。

```
#include  <stdio.h>
struct  st
{   int  x, *y;
} *p;
int  s[ ] = {10,20,30,40};
struct  st  a[ ] = {1,&s[0],2,&s[1],3,&s[2],4,&s[3]};
main( )
{   p = a;
    printf("%d\n", ++(*(++p)->y));
}
```

A）10　　B）11　　C）20　　D）21

【2.56】以下程序的输出结果是______。

```
#include  <stdio.h>
main( )
{   union  EXAMPLE
    {   struct
        {   int  x,y;
        }in;
        int  a,b;
```

```
    }e;
    e.a=1;
    e.b=2;
    e.in.x=e.a*e.b;
    e.in.y=e.a+e.b;
    printf("%d,%d\n",e.in.x,e.in.y);
}
```

A) 2, 3　　B) 4, 4　　C) 4, 8　　D) 8, 8

【2.57】下面程序的输出结果是______。

```
#include <stdio.h>
main()
{   union
    {   int i[2];
        long k;
        char c[4];
    }r, *s=&r;
    s->i[0]=0x39;
    s->i[1]=0x38;
    printf("%c\n",s->c[0]);
}
```

A) 39　　B) 9　　C) 38　　D) 8

【2.58】下面程序的输出是______。

```
#include <stdio.h>
main( )
{   printf("%d\n",EOF);
}
```

A) -1　　B) 0　　C) 1　　D) 程序是错误的

【2.59】若有宏定义如下:

```
#define X 5
#define Y X+1
#define Z Y*X/2
```

则执行以下 printf 语句后，输出结果是______。

```
int a=Y;
printf("%d,",Z);
printf("%d\n",--a);
```

A) 7, 6　　B) 12, 6　　C) 12, 5　　D) 7, 5

【2.60】若有宏定义 “#define MOD(x,y)x%y”，则执行以下语句后的输出为______。

```
int z,a=15,b=100;
z=MOD(b,a);
```

```
printf("%d\n",z++);
```

A) 11　　B) 10　　C) 6　　D) 宏定义不合法

【2.61】若 a、b、c、d、t 均为 int 型变量，则执行以下程序段后的结果为______。

```
#define MAX(A,B)((A)>(B))?(A):(B)
#define PRINT(Y) printf("Y=%d\n",Y)
    …
a=1;
b=2;
c=3;
d=4;
t=MAX(a+b,c+d);
PRINT(t);
```

A) Y=3　　B) 存在语法错误　　C) Y=7　　D) Y=0

【2.62】编译执行下列程序，结果是______。

```
#include <stdio.h>
main( )
{  int i=6;y=4;z=2;
   printf("%d\n",i/y%z);
}
```

A) 2　　B) 0　　C) 1　　D) 显示错误信息，不能执行

【2.63】以下程序的输出结果是____。

```
#include <stdio.h>
main( )
{  int x=10,y=10;
   printf("%d %d\n",x--, --y);
}
```

A) 10 10　　B) 9 9　　C) 9 10　　D) 10 9

【2.64】下面程序的输出结果是______。

```
#include <stdio.h>
main( )
{  printf("%d\n",NULL );
}
```

A) -1　　B) 0　　C) 1　　D) 程序是错误的

【2.65】下述程序的输出结果是______。

```
#include <stdio.h>
main( )
{  printf("%f",2.5+1*7%2/4);
}
```

A) 2.500000　　B) 2.750000　　C) 3.375000　　D) 3.000000

【2.66】以下程序输出结果是______。

```
#include  <stdio.h>
main( )
{  int  x =023;
   printf("%d\n", --x);
}
```

A) 18　　B) 22　　C) 23　　D) 19

【2.67】下述程序的输出是______。

```
#include  <stdio.h>
main( )
{  int  i;
   float  a;
   a =1/10;
   printf("%d\n",a);
}
```

A) 0.00000e +00　　B) 0.0　　C) 1.00000e -07　　D) 0

【2.68】选择下面程序执行后的正确结果。

```
#include  <stdio.h>
main( )
{  int  a =3,b =7;
   printf("%d\n",a++  +  ++b);          /*  ①  */
   printf("%d\n",b%a);                  /*  ②  */
   printf("%d\n",! a >b);               /*  ③  */
   printf("%d\n",a +b);                 /*  ④  */
   printf("%d\n",a&&b);                 /*  ⑤  */
}
```

①A) 10　　B) 11　　C) 12　　D) 不定

②A) 1　　B) 2　　C) 0　　D) 3

③A) 0　　B) 7　　C) 1　　D) 11

④A) 3　　B) 12　　C) 4　　D) 10

⑤A) 0　　B) 1　　C) 大于零的任意整数　　D) 无值

【2.69】下面程序的输出是______。

```
#define SUB(X,Y)   (X)* Y
#include  <stdio.h>
main( )
{  int  a =3,b =4;
   printf("%d\n",SUB(a++ ,b++ ));
}
```

A) 12　　B) 15　　C) 16　　D) 20

【2.70】下面程序的输出是______。

```
#include  <stdio.h>
main( )
{  int  x=1,y=0,a=0,b=0;
   if( ++a || b++ )
   {  a++;
      b++;
   }
   printf("a=%d,b=%d\n",a,b);
}
```

A) a=2, b=1　　B) a=3, b=1　　C) a=2, b=2　　D) 3=2, b=2

【2.71】选择下面程序的运行结果。

```
#include  <stdio.h>
main( )
{  int  x=1,y=2,z,a,b,c,d;
   z = ++x|| ++y;
   printf("x=%d\n",x);                    /*  ①  */
   printf("y=%d\n",y);                    /*  ②  */
   a= -1;    b= -2;    c= ++a && b++;
   printf("a=%d\n",a);                    /*  ③  */
   printf("b=%d\n",b);                    /*  ④  */
   x= -8;
   y=0<=x<=10;
   printf("y=%d\n",y);                    /*  ⑤  */
}
```

①A) x=1　　B) x=2　　C) x=3　　D) 值不定

②A) y=1　　B) y=2　　C) y=3　　D) 值不定

③A) a= -2　　B) a= -1　　C) a=0　　D) 值不定

④A) b= -2　　B) b= -1　　C) b=0　　D) 值不定

⑤A) y= -1　　B) y=0　　C) y=1　　D) 值不定

【2.72】选择下面程序的运行结果。

```
#include  <stdio.h>
main( )
{  int  a= -10,b= -3;
   printf("%d\n",a%b);                    /*  ①  */
   printf("%d\n",a/b*b);                  /*  ②  */
   printf("%d\n",-a%b);                   /*  ③  */
   printf("%d\n",a-=b++ +1);              /*  ④  */
}
```

①A) -2　B) -1　C) 0　D) 1
②A) -10　B) -9　C) -8　D) 0
③A) -2　B) -1　C) 0　D) 1
④A) -10　B) -9　C) -8　D) 0

【2.73】若 int x；且有下面的程序片段，则输出结果为______。

```
for(x=3;x<6;x++)
    printf((x%2) ? "**%d":"##%d\n",x);
```

A) **3
##4
**5

B) ##3
**4
##5

C) ##3
**4##5

D) **3##4
**5

【2.74】若 int x=3;且有下面的程序片段,则输出结果为______。

```
do
{    printf("%d",x-=2);
}while(!(--x));
```

A) 1　B) 3 0　C) 1 -2　D) 死循环

【2.75】阅读程序，选择运行结果。

```
#include <stdio.h>
main()
{  char c='A';
   if('0'<= c <='9')
       printf("YES");
   else
       printf("NO");
}
```

A) YES　B) NO　C) YESNO　D) 语句错误

【2.76】以下程序在运行时，输入变量 a 的值为 1，变量 b 的值为 2，选择运行结果。

```
#include <stdio.h>
main()
{  int a,b,t=0;
   scanf("%d%d",&a,&b);
   if (a=2)
     t=a,a=b,b=t;
   printf("%d,%d\n",a,b );
}
```

A) 2，0　B) 2，2　C) 2，1　D) 1，2

【2.77】下列程序的运行结果为：i=①，j=②，k=③。

```
#include <stdio.h>
main()
{  int a=10,b=5,c=5,d=5;
```

```
    int i=0,j=0,k=0;
    for( ;a>b; ++b)
        i++;
    while(a> ++c)
        j++;
    do
        k++;
    while(a>d++);
    printf("%d,%d,%d\n",i,j,k);
}
```

①A) 0　　B) 4　　C) 5　　D) 6

②A) 0　　B) 4　　C) 5　　D) 6

③A) 0　　B) 4　　C) 5　　D) 6

【2.78】下列程序的运行结果是______。

```
#include <stdio.h>
main( )
{  int a=2,b=-1,c=2;
   if( a<b )
   if( b<0 )
        c=0;
   else
        c+=1;
   printf("%d\n",c);
}
```

A) 0　　B) 1　　C) 2　　D) 3

【2.79】阅读程序，选择运行结果。

```
#include <stdio.h>
main( )
{  int a,b,c;
   a=1;b=2;c=3;
   if (a>b)
     if (a>c)
        printf("%d",a);
   else  printf("%d",b);
   printf("%d\n",c);
}
```

A) 1 2　　B) 2 3　　C) 3　　D) 以上三个答案均有错误

【2.80】选择运行结果。

```
#include <stdio.h>
```

```
main( )
{ int  a = -1,  b =1,  k;
  if(( ++a <0) && !(b-- <=0))
      printf("%d  %d\n",a,b);
  else
      printf("%d  %d\n",b,a);
}
```

A） -1 1　　B）0 1　　C）1 0　　D）0 0

【2.81】执行下面的程序，输出的结果是______。

```
#include  <stdio.h>
main( )
{ int a =10,  b =0;
  if( a =12 )
  {  a =a +1;
     b =b +1;
  }
  else
  {  a =a +4;
     b =b +4;
  }
  printf("%d;%d\n",a,b );
}
```

A）13；1　　B）14；4　　C）11；1　　D）10；0

【2.82】选择运行结果。

```
#include  <stdio.h>
main( )
{ char  ch;
  ch = getchar( );
  switch(ch)
  {  case 65:
            printf("%c",'A');
     case 66:
            printf("%c",'B');
     default:
            printf("%s\n","other");
  }
}
```

如程序可以正常运行,当从键盘输入字母 A 时,输出结果为______。

A）A　　B）ABother　　C）Aother　　D）编译错误，无法运行

【2.83】选择运行结果。

```
#include  <stdio.h>
main( )
{  int  n=4;
   while( n-- )
       printf("%d ", --n );
}
```

A）2 0　　　B）3 1　　　C）3 2 1　　　D）2 1 0

【2.84】选择运行结果。

```
#include  <stdio.h>
main( )
{  int i,j;
   for( i=0,j=10;i<j;i+=2,j-- ) ;
   printf("%d\n",i);/*  ①  */
   printf("%d\n",j);/*  ②  */
}
```

①A）5　　　B）6　　　C）7　　　D）8

②A）5　　　B）6　　　C）7　　　D）8

【2.85】阅读程序，写出程序的输出结果。

```
#include  <stdio.h>
main( )
{  int i=0,j=0,k=0,m;
   for (m=0;m<4;m++)
      switch(m)
   {  case 0:i=m++;
      case 1:j=m++;
      case 2:k=m++;
      case 3:m++;
   }
   printf("\n%d,%d,%d,%d",i,j,k,m);
}
```

A）0，0，2，4　　B）0，1，2，3　　C）0，1，2，4　　D）0，1，2，5

【2.86】阅读程序，写出程序的输出结果。

```
#include  <stdio.h>
main( )
{  char i,j;
   for(i='0',j='9';i<j;i++,j--)
   printf("%c%c",i,j);
   printf("\n");
```

```
}
```

A）01234567890　　B）0918273645

C）9876543210　　D）以上三个答案均不对

【2.87】阅读程序，写出程序的输出结果。

```
#include  <stdio.h>
main( )
{  int  k,j,m;
   for(k=5;k>=1;k--)
   {  m=0;
      for(j=k;j<=5;j++)
        m=m+k*j;
   }
   printf("%d\n",m);
}
```

A）124　　B）25　　C）36　　D）15

【2.88】阅读程序，写出程序的输出结果。

```
#include  <stdio.h>
main( )
{  int  i,j;
   float  s;
   for(i=7;i>4;i--)
   {  s=0;
      for(j=i;j>3;j--)
           s=s+i*j;
   }
   printf("%f\n",s);
}
```

A）154.000000　　B）90.000000　　C）45.000000　　D）60.000000

【2.89】阅读程序，写出程序的输出结果。

```
#include  <stdio.h>
main( )
{  int  x=10,y=10,i;
   for(i=0;x>8;y= ++i)
        printf("%d  %d",x-- ,y);
}
```

A）10 1 9 2　　B）9 8 7 6　　C）10 9 9 0　　D）10 10 9 1

【2.90】选择下面程序的运行结果。

```
#include  <stdio.h>
main( )
```

```
{  int k=1;  char c='A';
   do
   {  switch(c++)
      {     case 'A':  k++;
                       break;
            case 'B':  k--;
            case 'C':  k+=2;
                       break;
            case 'D':  k=k%2;
                       continue;
            case 'E':  k=k*2;
                       break;
            default:   k=k/3;
      }
      k++;
   } while(c<'F');
   printf("k=%d\n",k);
}
```

A） k=1　　B） k=15　　C） k=12　　D） 以上结果都不对

【2.91】若运行下列程序时，输入以下指定数据，请选择正确的运行结果。

```
#include <stdio.h>
main( )
{  int s;
   while((s=getchar( ))!='\n')
   {  switch(s-'2')
      {  case 0:
         case 1:  putchar(s+4);
         case 2:  putchar(s+4);
                  break;
         case 3:  putchar(s+3);
         default: putchar(s+2);
                  break;
      }
   }
   printf("\n");
}
```

自第一列开始输入数据:2473 <回车>

A） 6688766　　B） 66778777　　C） 668966　　D） 668977

【2.92】请选择下列程序的运行结果。

```
#include  <stdio. h>
fun( int  *p )
{   int  a =10;
    p = &a;
    ++a;
}
main( )
{   int  a =5;
    fun(&a);
    printf("% d\n",a);
}
```

A) 5　　B) 6　　C) 10　　D) 11

【2. 93】请选择下列程序的运行结果。

```
#include  <stdio. h>
main( )
{   int  k =4,m =1,p;
    p = fun(k,m);
    printf("% d",p);    /*   ①   */
    p = fun(k,m);
    printf("% d",p);    /*   ②   */
}
fun( int  a,int  b )
{   static  int  m =0,i =2;
    i + =m +1;
    m =i +a +b;
    return(m);
}
```

①A) 7　　B) 8　　C) 9　　D) 10

②A) 17　　B) 16　　C) 20　　D) 8

【2. 94】请选择下列程序的运行结果。

```
#include  <stdio. h>
f( int  a )
{   int  b  =  0;
    static  int  c  =  3;
    a  =  c++ ,b++ ;
    return(a);
}
main( )
{   int  a =2,i,k;
```

```
    for(i=0;i<2;i++)
       k=f(a++);
    printf("%d\n",k);
}
```

A) 3　　B) 0　　C) 5　　D) 4

【2.95】请选择下列程序的运行结果。

```
#include <stdio.h>
int d=1;
fun( int p)
{   int d=5;
    d += p++ ;
    printf("%d  ",d);
}
main( )
{   int a=3;
    fun(a);
    d += a++ ;
    printf("%d",d);
}
```

A) 8 4　　B) 9 6　　C) 9 4　　D) 8 5

【2.96】请选择下列程序的运行结果。

```
#include <stdio.h>
int abc(int u,int v);
main( )
{   int a=24,b=16,c;
    c=abc(a,b);
    printf(" %d\n",c);
}
int abc(int u,int v)
{   int w;
    while(v)
    {   w=u%v;
        u=v;
        v=w;
    }
    return u;
}
```

A) 4　　B) 6　　C) 5　　D) 8

【2.97】请选择下列程序的运行结果。

```
#include  <stdio.h>
main( )
{   int  i=4,j;
    pic(27,'');
    j=i;
    pic(i+2*j-2,'*');
    putchar('\n');
    for(j-=2;j>=0;j--)
    {   pic(30-j,'');
        pic(i+2*j,'*');
        putchar('\n');
    }
}
pic(int len,char c)
{   int k;
    for (k=1;k<=len;k++)
       putchar(c);
}
```

A)
```
      *
     ***
    *****
   *******
```
B)
```
**********
**********
**********
**********
```
C)
```
    ****
   ******
  ********
 **********
```
D)
```
**********
 ********
  ******
   ****
```

【2.98】阅读下列程序，选择程序的运行结果。

```
#define FMT "%X\n"
#include  <stdio.h>
main( )
{   static int a[ ][4] = {1,2,3,4,5,6,7,8,9,10,11,12};
    printf(FMT,a[2][2]);                 /*  ①  */
    printf(FMT,*(*(a+1)+1) );            /*  ②  */
}
```

①A) 9　　B) A
　C) B　　D) 前面三个答案均是错误的

②A) 6　　B) 7
　C) 8　　D) 前面三个答案均是错误的

【2.99】阅读下列程序，选择程序的运行结果。

```
#include  <stdio. h>
main( )
{   int a[6][6],i,j;
    for(i =1;i <6;i++ )
      for (j =1;j <6;j ++ )
          a[i][j] =(i/j) *(j/i);
    for(i =1;i <6;i++ )
    {   for(j =1;j <6;j ++ )
          printf("%2d",a[i][j]);
          printf("\n");
    }
}
```

A) 1 1 1 1 1 B) 0 0 0 0 1 C) 1 0 0 0 0 D) 1 0 0 0 1
1 1 1 1 1 0 0 0 1 0 0 1 0 0 0 0 1 0 1 0
1 1 1 1 1 0 0 1 0 0 0 0 1 0 0 0 0 1 0 0
1 1 1 1 1 0 1 0 0 0 0 0 0 1 0 0 1 0 1 0
1 1 1 1 1 1 0 0 0 0 0 0 0 0 1 1 0 0 0 1

【2.100】阅读下列程序，选择程序的运行结果。

```
#include  <stdio. h>
main( )
{   int a[6],i;
    for(i =0;i <6;i++ )
    {   a[i]  = 9 *(i -2 +4 *(i >3)) % 5;
        printf("%2d",a[i]);
    }
}
```

A) -3 -4 0 4 0 4 B) -3 -4 0 4 0 3 C) -3 -4 0 4 4 3 D) -3 -4 0 4 4 0

【2.101】阅读下列程序，选择程序的运行结果。

```
#include <stdio. h>
main( )
{   int i,k,a[10],p[3];
    k =5;
    for(i =0;i <10;i++ )
       a[i] =i;
    for(i =0;i <3;   i++ )
       p[i] =a[i *(i +1)];
    for(i =0;i <3;   i++ )
       k += p[i] *2;
    printf("%d\n",k);
```

```
}
```

A) 20　　B) 21　　C) 22　　D) 23

【2.102】阅读程序，选择程序的输出结果。

```
#include  <stdio.h>
main( )
{  staticchar a[ ] ="language",b[ ] ="program";
   char  * ptr1 =a, * ptr2 =b;
   int   k;
   for(k =0;k <7;k ++ )
      if ( * (ptr1 +k) == * (ptr2 +k))
         printf("%c", * (ptr1 +k));
}
```

A) gae　　B) ga　　C) language　　D) 有语法错误

【2.103】阅读程序，选择程序的输出结果。

```
#include  <stdio.h>
void prtv(  int  *x  )
{  printf("%d\n", ++*x  );
}
main( )
{  int  a =25;
   prtv(&a);
}
```

A) 23　　B) 24　　C) 25　　D) 26

【2.104】阅读程序，选择程序的输出结果。

```
#include  <stdio.h>
main( )
{  static   char  a[ ] ="language";
   char  * ptr =a;
   while(* ptr)
   {  printf("%c", * ptr +'A' -'a');
      ptr ++ ;
   }
}
```

A) LANGUAGE　　B) 陷入死循环

C) 有语法错误　　D) language

【2.105】阅读程序，选择程序的输出结果。

```
#include  <stdio.h>
main( )
{  char  * str  =  "abcde";
```

```
    printf("%c\n", *str );                    /*  ①  */
    printf("%c\n", *str++ );                  /*  ②  */
    printf("%c\n", *++str );                  /*  ③  */
    printf("%c\n",( *str)++ );                /*  ④  */
    printf("%c\n", ++ *str );                 /*  ⑤  */
}
```

①A) a　　B) b　　C) c　　D) d

②A) a　　B) b　　C) c　　D) d

③A) a　　B) b　　C) c　　D) d

④A) b　　B) c　　C) d　　D) e

⑤A) b　　B) c　　C) d　　D) e

【2.106】在下面的程序中若第一个 printf 语句的输出为 ffe2，则其余语句的输出结果分为______：

```
#include <stdio.h>
main( )
{ static int a[ ] = {1,2,3,4,5,6,7,8,9,0}, *p = a;
    printf("%x\n",p );                        /* 输出结果为 ffe2 */
    printf("%x\n",p +9 );                     /*  ①  */
    printf("%d\n", *p +9 );                   /*  ②  */
    printf("%d\n", *(p +9) );                 /*  ③  */
    printf("%d\n", *++p +9 );                 /*  ④  */
}
```

①A) ffeb　　B) ffed　　C) fff2　　D) fff4

②A) 9　　B) 10　　C) 11　　D) 0

③A) 9　　B) 10　　C) 11　　D) 0

④A) 9　　B) 10　　C) 11　　D) 0

【2.107】阅读程序，选择程序的输出结果（答案中的 ~ 表示空格）。

```
#include <string.h>
void fun(char *s)
{ char a[10];
    strcpy(a,"STRING");
    s = a;
}
main( )
{ char *p;
    fun(p);
    printf("%s\n",p);
}
```

A) STRING ~~~~　　B) STRING　　C) STRING ~~~　　D) 值不定

【2.108】执行下列程序后：a 的值为①，b 的值为②，n 的值为③。

```
#include  <stdio.h>
main( )
{  int   a,b,k=2,m=4,n=6;
   int   *p1 = &k, *p2 = &m, *p3;
   a  =  p1 == &k;
   b  =  4*(-*p1)/(*p2)+5;
   *(p3 = &n)  =  *p1*(*p2);
   printf("%d   %d   %d\n",a,b,n);
}
```

①A) -1　　B) 1　　C) 0　　D) 2

②A) 3　　B) 5　　C) 7　　D) 8

③A) 4　　B) 6　　C) 8　　D) 10

【2.109】执行下面的程序后，选择程序 x、y、z 的输出结果。

```
#include  <stdio.h>
main( )
{  int  i=4,j=6,k=8, *p=&i, *q=&j, *r=&k;
   int  x,y,z;
   x=p==&i;     y=3* -*p/(*q)+7;   z= *(r=&k) = *p**q;
   printf("x=%d,  y=%d,  z=%d\n",x,y,z);/ *x=①  y=②  z=③*/
}
```

①A) 0　　B) 1　　C) 4　　D) -1

②A) 7　　B) 6　　C) 5　　D) 10

③A) 0　　B) 7　　C) 8　　D) 24

【2.110】阅读程序，选择程序的运行结果。

```
#include  "stdio.h"
main( )
{  int  x;
   x=try(5);
   printf("%d\n",x);
}
try(int  n)
{  if(n>0)
      return(n*try(n-2));
   else
      return(1);
}
```

A) 15　　B) 120　　C) 1　　D) 前面三个答案均是错误的

【2.111】选择程序的运行结果。

```
#include "stdio.h"
long fib(int n)
{   if(n>2)
        return(fib(n-1)+fib(n-2));
    else
        return(2);
}
main( )
{   printf("%ld\n", fib(6));
}
```

A) 8　　B) 16　　C) 30　　D) 以上三个答案均是错误的

【2.112】下面的函数两次进行递归调用，请选择程序的运行结果。

```
#include <stdio.h>
main( )
{   int a,i,j;
    for(i=0;i<2;i++)
    {   a=f(4+i);
        printf("%d\n",a);
    }
}
f(int m)
{   static int n=0;
    m/=2;m=m*2;
    if(m)
    {   n*=m;
        return(f(m-2));
    }
    Else
    return(n);
}
```

①第一次输出结果为(　　)。

A) 8　　B) 0　　C) 64　　D) 4

②第二次输出结果为（　　）。

A) 8　　B) 0　　C) 64　　D) 4

【2.113】选择程序的运行结果。

```
#include "stdio.h"
struct cmplx
{   int x;
    int y;
```

```
} cnum[2] = { 1,3,2,7 };
main( )
{
  printf("%d\n",cnum[0].y * cnum[1].x);
}
```

A) 0　　B) 1　　C) 3　　D) 6

【2.114】选择程序的运行结果。

```
#include <stdio.h>
struct stu
{  int  num;
   char name[10];
   int  age;
};
void fun(struct stu *p)
{  printf("%s\n",(*p).name);
}
main( )
{  struct stu students[3] = {{9801,"Zhang",20},
                             {9802,"Wang",  19},
                             {9803,"Zhao",  18}
   };
  fun(students+2);
}
```

A) Zhang　　B) Zhao　　C) Wang　　D) 18

【2.115】运行下列程序后，选择全局变量 t.x 和 t.s 的正确结果。

```
#include <stdio.h>
struct tree
{  int x;
   char *s;
} t;
func(struct tree t)
{  t.x=10;
   t.s="computer";
   return(0);
}
main( )
{  t.x=1;
   t.s="minicomputer";
   func(t);
```

```
    printf("%d,%s\n",t.x,t.s);
}
```

A）10，computer　　B）1，minicomputer

C）1，computer　　D）10，minicomputer

【2.116】阅读程序，选择正确的输出结果。

```
#include <stdio.h>
struct str1
{   char c[5];
    char *s;
};
main( )
{   struct str1 s1[2] = { {"ABCD","EFGH"},{"IJK","LMN"} };
    struct str2
    {   struct str1 sr;
        int d;
    } s2 = {"OPQ","RST",32767};
    struct str1 *p[2];
    p[0] = &s1[0];
    p[1] = &s1[1];
    printf("%s", ++p[1]->s);          /*  ①  */
    printf("%c",s2.sr.c[2]);          /*  ②  */
}
```

①A）LMN　　B）MN　　C）N　　D）IJK

②A）O　　B）P　　C）Q　　D）R

## 【阅读程序题参考答案】

【2.1】参考答案：D

注释：程序中除法运算的两个操作数均是整型，运算结果也是整型。输出格式说明符 g 选择小数格式或指数格式中长度较短的一个进行输出。

【2.2】参考答案：B

注释：C 语言允许在程序块（分程序）中说明变量。

【2.3】参考答案：C

注释：变量 i 中的负号传送给变量 n 后，因 n 是无符号数，已不作为负号处理。

【2.4】参考答案：D

注释：对变量 x 的减 1 操作是后缀形式，要在执行完 printf 函数之后才进行，所以变量 x 的值在输出的时候仍然保持原值 10。自增（++）或自减（--）运算有前缀、后缀之分，其执行该操作的时机，是以一条语句为单位，前缀方式是在执行其他运算之前先执行自增或自减运算，而后缀方式则是将一条语句中的其他运算都执行完以后再做自增或自减运算。

【2.5】参考答案：B

注释：此题的结果与printf函数的处理机制有关。初学者记住结论即可，题目中这种写法在编写程序时没有实用意义。

C语言在执行printf函数时，对函数中的表达式列表的处理顺序是从后向前，先将要输出的数据暂放在一个堆栈中，因为堆栈是先入后出，最后一个压入堆栈的数值是输出列表中的第一个数。输出列表中的每一个输出项作为一个处理单元，也就是说在不同输出项中自增自减运算是单独考虑的。

本题中，计算机先处理n--，此时变量n中保存数值1，取出1送入堆栈，再对n做减1运算，则n变为0；而后处理n++，将n中的0送入堆栈，再对n做增1运算，n变为1；最后处理n，取出1送入堆栈。做完以上处理后，计算机再从堆栈中取数输出到屏幕上。

按照上述解释，自己上机运行一下“printf("%d %d %d\n",i,i++,i++);”。初始时i=1，则输出：3 2 1。

【2.6】参考答案：A

注释：变量x和变量y做按位与运算，其结果为0x0200，再右移4位为0x0020，再与0x005f做按位或运算，最后结果为0x007f。注意位运算符号的优先级，此例中3个运算符号的优先级从高到低是右移（>>）、按位与（&）、按位或（|），对x&y的结果做右移运算，必须将其使用小括号括起来。

【2.7】参考答案：A

注释：逗号表达式的结果是用逗号分开的最后一个表达式的值，此题由于c=='A'的值是0，所以逗号表达式的值为0。

表达式的求值是在运算器中进行的，运算的结果被保存在运算器的一个寄存器中，就是表达式的值。逗号表达式用逗号将几个基本表达式组合在一起，程序的执行是从左向右进行的，所以当逗号表达式中的最后一个基本表达式执行完后，保存在寄存器中就是最后一个表达式的值。

【2.8】参考答案：B

【2.9】参考答案：A

【2.10】参考答案：C

注释：输出格式描述“m.n”用于输出实型数时，m是输出总长度，n是小数部分的长度；如果没有指定m，或者给出的整数部分的长度小于实数整数部分的实际长度，则按整数部分的实际长度输出。例如“printf("%.2f",123,456);”程序执行后的输出是“123.45”。

输出格式描述“m.n”用于输出字符串时，m是输出总长度，n是实际输出的字符个数。没有指定m时，则输出总长度就是n。

【2.11】参考答案：C

注释：使用一个scanf函数为几个变量赋值时，如果指定每个数的长度，且没有使用分隔符将输入的数分隔开，则按照指定的长度为每个数赋值。此题中指定变量a的长度是2，b的长度是3，则a的值是12，b的值是345。

【2.12】参考答案：B

【2.13】参考答案：C

【2.14】参考答案：B

注释：break 语句仅退出它所在的 switch 语句结构。此题当 a = 0、b = 1 时执行语句“printf（″ ** 0 ** ″）;”后，执行“break;”语句退出内层 switch 语句，后面是语句“printf(″ ** 2 ** ″）;”。注意，“case 2:”在语法上仅是语句标号的作用，不影响语句的执行顺序。

【2.15】参考答案：D

注释：此题指针变量 s 保存字符串“12134211”的首地址，程序运行时，在字符串的最后一个字符′1′的后面还保存一个字符串结束标志′\0′，它的 ASCII 码值是 0。

【2.16】参考答案：A

【2.17】参考答案：C

注释：该程序中使用 getchar 函数读入两个字符，执行时实际读入的两个字符是控制字符 <回车>、英文字符′a′。

调用 scanf 函数和 getchar 函数输入数据时，计算机在键盘与应用程序之间要在内存中建立一个缓冲区，键盘输入的数据首先存放在缓冲区中，当缓冲区中存入的字符是回车符时，应用程序才从缓冲区中读取数据进行处理。

本例中，在键盘上先键入数字 2 和回车符存入缓冲区，因为缓冲区存入了回车符，scanf 函数读出数字 2 作为数值存入变量 n，scanf 函数执行完毕，注意回车符还在缓冲区中保存，而后又键入字符 ab 和回车符都保存在缓冲区中，因为又见到回车符，应用程序中的 getchar 函数才从缓冲区中读取字符，循环 2 次读到的字符是回车符和字母 a。如果在读取字符个数的 scanf 函数中增加回车，即“scanf(″% d\n″, &n);”，则输入数字 2 以及后面的回车都被 scanf 函数从缓冲区中读出，再输入的字符 ab 就被 getchar 函数读出。

【2.18】参考答案：A

【2.19】参考答案：C

注释：在 switch 语句中，case 本身仅起到语句标号的作用，不会改变语句的流程，执行 break 语句才能退出当前的 switch 语句。

【2.20】参考答案：D

注释：switch 语句的表达式中，变量 c 是后缀的增一运算，第一次执行 do - while 循环时，执行 case ′A′后面的语句。

【2.21】参考答案：D

【2.22】参考答案：B

【2.23】参考答案：B

注释：fabs( ) 是浮点数绝对值函数，函数原型在文件“math. h”中。

【2.24】参考答案：A

【2.25】参考答案：C

注释：C 语言允许在程序块（分程序）内说明变量，如果在程序块内说明的变量和程序块外的变量同名，在块外说明的变量在块内是不可见的。可将此题和【2.11】

进行比较，加深理解。

【2.26】参考答案：C

【2.27】参考答案：B

【2.28】参考答案：① D ② A

【2.29】参考答案：D

【2.30】参考答案：B

注释：输出结果为字符串长度。

【2.31】参考答案：D

注释：字符串拷贝函数 strcpy 要求的两个参数都是字符串首地址。本题中第二个参数是字符串常量，接受这个字符串的第一个参量不是直接给出字符数组名，而是进行了地址运算后的结果。由于 str 字符串的长度是 13，除 2 取整后是 6，第一个参数给出的地址是字符数组 str 的首地址加 6，也就是原来字符串中第二个空格的位置，把"es she"从该处放入，字符串 str 变为"How does she"。

【2.32】参考答案：C

注释：main 函数调用 func 函数时，第一个实参使用的是逗号表达式的值，也就是 x + y 的结果。由于对变量 x、y、z 进行的是后缀运算，所以函数 func 的参数值是 13 和 8。

【2.33】参考答案：C

【2.34】参考答案：① C ② A ③ C

【2.35】参考答案：C

注释：函数 fun 被递归调用，建议理解此题的程序时，可以采用人工运行的方法，将调用过程用图 3.1 明确的表示出来，图中箭头线段表示调用关系，圆圈起的数字表示该次调用的返回值。

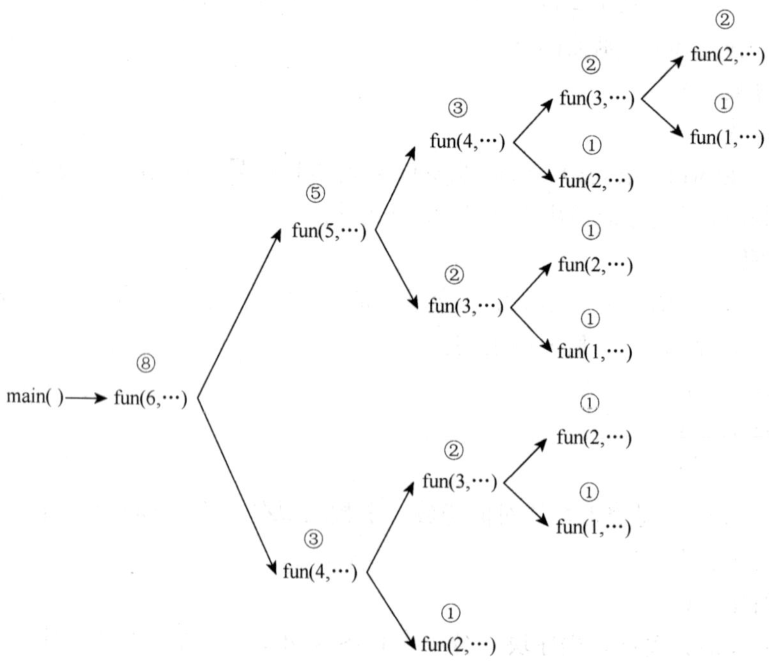


图 3.1 调用过程

【2.36】参考答案：B

注释：函数 fun 进行了递归调用，实际进行的运算是 5×4×3×2×1×3×10。主函数内说明的局部变量 w 屏蔽了外部变量 w，所以在主函数中外部变量 w 是不可见的，在调用 printf 函数时表达式“fun(5) * w”中 w 的值是 10。

【2.37】参考答案：D

注释：main 函数 3 次调用了函数 funa，在 funa 函数中的静态变量 c 仅在第一次调用时进行了初始化，再次调用时不再对静态变量赋初值。

【2.38】参考答案：B

注释：main 函数和 num 函数中都说明了变量 a 和 b，由于它们是内部变量，所以它们分别在说明它们的函数内有效。外部变量 x 和 y 在函数 num 之后被说明，而在 num 函数中又要引用它们，所以在 num 函数中用关键字“extern”说明变量 x 和 y 是一个外部变量，也就是通知计算机这两个变量在 fun 函数以外被说明，此处不是定义两个新的 int 型变量。

【2.39】参考答案：D

注释：函数 f 中的变量 c 是静态变量，仅在第一次调用函数 f 时它被初始化为 3，第二次调用函数 f 时 c 的值是 4，第三次调用函数 f 时 c 的值是 5。

【2.40】参考答案：D

【2.41】参考答案：D

注释：程序中有 3 个“x”分别在 3 个不同的函数中，这 3 个“x”都是自动变量，所以 3 个“x”分别局部于 3 个不同的函数，在 3 个函数中对“x”的操作互不影响。

【2.42】参考答案：A

【2.43】参考答案：A

注释：*(++p)和*++p 都是指针变量值前加 1，第一次指向 a[1]，第二次指向 a[2]；a+3 是 a[3]的地址。

【2.44】参考答案：C

注释：②句没有语法错误，但是 a+6 指向数组之外，因为 a 是 a[0]的地址，a+1 是a[1]的地址，a+2 是 a[2]的地址，显然数组 a 没有 a[6]分量。③句错误，因为 a[1]是地址常量，它是 a[1][0]的地址，对于地址常量是不可以进行赋值运算的。

【2.45】参考答案：① D ② A

注释：如果 FMT 定义为“%x\n”，则输出的 16 进制数据用小写字母表示。

【2.46】参考答案：A

注释：语句“p=&a[0]”表示将数组 a 中元素 a[0]的地址赋给指针变量 p，则 p 就是指向数组首元素 a[0]的指针变量，“&a[0]”是取数组首元素的地址。对于指向数组首址的指针，p+i(或 a+i)是数组元素 a[i]的地址，*(p+i)(或*(a+i))就是 a[i]的值。

【2.47】参考答案：B

【2.48】参考答案：D

【2.49】参考答案：D

【2.50】参考答案：A

注释：变量 g 是指向函数的指针，即保存函数的入口地址，( *g)(a,b)是调用指针 g 所指向的函数。

【2.51】参考答案：C

注释：p 是指针，pp 是指向指针的指针，即二重指针。

【2.52】参考答案：A

注释：对于指向数组的指针变量可以做下标运算，p[i]和 alpha[i]都是指向字符串的首地址，*p[i]取出字符串的第一个字符。

【2.53】参考答案：① D ② A ③ D ④ D ⑤ B

注释：对于①，pp 是一个二维指针数组，pp+1 指向数组的第二行，*(pp+1)是第二行第一个元素的地址，**(pp+1)是第二行第一个元素的内容，即字符串"mnopqr"的首地址，***(pp+1)则根据此地址取出内容，输出字符'm'。

对于②，pp[0]是数组第一行的地址，*pp[0]是该行第一个元素的地址，即字符串"abc"的首地址，而**pp[0]则是从该地址取出一个字符输出。

对于③，pp+1 是指针数组第二行的地址，*(pp+1)是指针数组第二行第一个元素的地址，*(pp+1)+1 是指针数组第二行第二个元素的地址，*(*(pp+1)+1)是第二行第二个元素，也就是字符串"stuvw"的首地址，(*(*(pp+1)+1))[4]则是该字符串的第 5 个字符'w'。

对于④，pp[1][2]是字符串"xyz"的首地址，pp[1][2]+2 则是该字符串的第 3 个字符的地址，*(pp[1][2]+2)则取出字符'z'。

对于⑤，pp+1 是指针数组第二行的地址，*(pp+1)是指针数组第二行第一个元素的地址，**(pp+1)取出该元素的内容，即字符串"mnopqr"的首地址，因为输出格式是"%s"，所以输出这个字符串。

【2.54】参考答案：① B ② C

【2.55】参考答案：D

注释：结构指针变量 p 保存结构数组 a 的首地址，++p 使其指向数组 a 的第二个元素，(++p)->y 是该元素的成员 y，它是一个指针变量，保存整型数组元素 s[1]的地址，再做*操作后取出 s[1]的数 20，再做增一运算，是 s[1]的值变为 21，故输出 21。

【2.56】参考答案：C

注释：联合变量 e 有 3 个成员，即结构体成员 in、整型成员 a、b，这三个成员共用一块 4 个字节的内存，执行语句"e.a=1; e.b=2;"后，该块内存低字节处保存整数 2；执行语句"e.in.x=e.a*e.b;"时，无论 e.a 还是 e.b，取出的都是整数 2，相乘后的结果 4 又被保存在该处内存的低地址 2 个字节处；执行语句"e.in.y=e.a+e.b;"时，取出的都是 4，相加后的结果 8 被保存在结果 in 的成员 y 中，占用该块内存的高地址 2 个字节。此题说明联合体成员的取值是最后一次给成员赋的值。

【2.57】参考答案：B

注释：整型数组 i 和字符数组 c 共用存储空间，给 i 赋值也等于给 c 赋值，所以

s -> c[0] = 0x39，输出 9。

【2.58】参考答案：A

注释：基本概念。EOF 是由 C 语言在头文件 stdio. h 中定义的，用户可以直接使用。

【2.59】参考答案：D

【2.60】参考答案：B

【2.61】参考答案：C

【2.62】参考答案：D

【2.63】参考答案：D

【2.64】参考答案：B

【2.65】参考答案：A

【2.66】参考答案：A

【2.67】参考答案：D

注释：自动类型转换并不改变变量的类型。

【2.68】参考答案：① B ② C ③ A ④ B ⑤ B

【2.69】参考答案：A

注释：宏替换的结果是：(a++) * b++ 。

【2.70】参考答案：A

注释：对于表达式“ ++ a || b++ ”，因为变量 a 做前加 1 运算后是非 0，已经可以得到表达式结果，所以或运算的第二个运算对象 b++ 没有执行。

【2.71】参考答案：① B ② B ③ C ④ A ⑤ C

注释：因为在执行语句“z = ++ x || ++ y;”时，或运算（||）的第一个运算对象“ ++ x”的结果是非零，所以“ ++ y”没有被执行，y 的值仍是 2。对于语句“y = 0 <= x <= 10;”，无论 x 是何值，第一个关系运算“0 <= x”的结果是 0 或 1，均小于 10，所以 y 的值恒等于 1。

【2.72】参考答案：① B ② B ③ D ④C

【2.73】参考答案：D

【2.74】参考答案：C

注释：循环控制条件使循环体内的语句执行 2 次。

【2.75】参考答案：A

注释：尽管 if 语句的判断逻辑是错误的，但程序仍然可以运行。题目中使用字符的 ASCII 码值进行运算。

【2.76】参考答案：B

注释：if 语句的判断条件 a = 2 在语法上是正确的，执行时先将整数 2 赋给变量 a，然后再判断变量 a 的值是否为 0。

【2.77】参考答案：① C ② B ③ D

注释：注意 3 种循环语句的区别以及它们的循环控制条件。

【2.78】参考答案：C

【2.79】参考答案：C

注释：注意程序中 if – else 语句的实际配对关系，不要被程序表面的书写格式所迷惑，因为C语言的缩进书写格式仅仅是为了增加程序的可读性，在编程中并不具有实际的逻辑意义。

【2.80】参考答案：C

注释：只有正确理解了逻辑运算的规定，才能正确完成本题。

【2.81】参考答案：A

【2.82】参考答案：B

注释：在 switch 语句中省略了 break 语句后，会改变程序的执行流程。

【2.83】参考答案：A

【2.84】参考答案：① D　② B

【2.85】参考答案：D

【2.86】参考答案：B

注释：for 语句中使用的“i++ ,j-- ”，使变量 i 和 j 同时改变。

【2.87】参考答案：D

【2.88】参考答案：C

【2.89】参考答案：D

【2.90】参考答案：A

注释：要注意在 switch 语句中省略了 break 语句后，会改变程序的执行流程。

【2.91】参考答案：D

【2.92】参考答案：A

注释：main 函数调用函数 fun(&a)时，将实参的值传给形参，即使指针 p 指向整型变量 a（main 函数中定义的变量 a），然而在函数 fun 的执行过程中，执行了语句“p = &a;”，此时，p 又指向了函数 fun 中定义的自动变量 a，这样，在函数 fun 中对变量 a 和指针变量 p 的操作都不会影响到 main 函数中的变量 a 了。

【2.93】参考答案：① B　② A

注释：请注意内部静态变量的作用域和作用时间。内部静态变量的作用域是仅在所定义的函数中，作用时间是在程序运行过程中均存在；而且内部静态变量仅在程序编译的时候初始化一次，程序运行时在不同的函数调用过程中，会始终保持上一次函数调用退出时的变量值不变。

【2.94】参考答案：D

【2.95】参考答案：A

【2.96】参考答案：D

注释：通过调用函数 abc 求两个数的最大公约数。函数 abc 求最大公约数采用的算法是辗转相除法。

【2.97】参考答案：D

注释：就程序本身而言，它是一个不好的程序。为了打印指定的图形，完全可以编写一个逻辑更清楚、语句更精炼的程序。

【2.98】参考答案：① C　② A

注释：如果 FMT 定义为"% x\n"，则输出的十六进制数据用小写字母表示。

【2.99】参考答案：C

注释：程序中并没有使用数组 a 的 0 行和 0 列。同时应该注意表达式“a[i][j] = (i/j) * (j/i)”进行的是整型的除法，只有当 i 的值等于 j 的值时，表达式“(i/j) * (j/i)”的结果才为 1。

【2.100】参考答案：C

【2.101】参考答案：B

【2.102】参考答案：B

【2.103】参考答案：D

【2.104】参考答案：A

注释：本程序的功能是将字符串中的小写字母变换为大写字母。

【2.105】参考答案：① A ② A ③ C ④ B ⑤ D

注释：这是 C 语言中关于指针与 ++ 运算符组合在一起的最基本的题目，反映的是一些基本的概念。在运行过程中，上一步运算后 str 的结果要影响到下一步操作。

① * str 的含义是取指针 str 的内容，即指针 str 所指的字符。

② * str ++ 的含义是先取指针 str 的内容后，指针 str 再进行 ++ 运算。

③ *++ str 的含义是先对指针 str 进行 ++ 运算，然后再取 str 的内容。

④( * str)++ 的含义是取指针 str 的内容之后，str 的内容再进行 ++ 运算。

⑤ ++* str 的含义是先对指针 str 的内容进行 ++ 运算，再取指针 str 的内容。

【2.106】参考答案：① D ② B ③ D ④ C

注释：这是关于数组与指针关系的基本概念。

①p +9 的含义是当前指针所指向的元素后面的第 9 个元素的地址，即数组元素 a[9]的地址。由于 int 型在内存中占用 2 个字节，所以地址 p +9 要增加 18 个字节，指针 p +9 = ffe2 + 12 = fff4。

② * p +9 的含义是指针 p 所指向的内容加 9，即取 a[0] +9。

③ * (p +9)的含义是对指针 p +9 后再取内容，即取 a[9]。

④ *++ p +9 的含义是先对指针 p 进行 ++ 运算，再取指针 p 的内容，最后再加 9，即取 a[1] +9。

【2.107】参考答案：D

注释：由于在函数 fun 中使用的数组 a 是自动类型，所以执行完函数 fun 返回 main 函数后，函数 fun 中的数组 a 已经被系统自动释放，在 main 中已经不可能访问到函数 fun 中的数组 a。

【2.108】参考答案：① B ② A ③ C

注释：因为 p1 指向 k、p2 指向 m，程序中语句“b =4 * ( -*p1)/( *p2) +5;”等价于“b =4 * ( -1)/m +5;”，语句“ * (p3 = &n) = * p1 * ( * p2);”等价于“n = k * m;”。

【2.109】参考答案：① B ② C ③ D

注释：因为在定义指针变量 p 时，已将其指向变量 i，保存变量 i 的地址，所以 p == &i的结果为 1。在赋值语句“y =3 * -* p/{* p} +7;”中，3 后面的“ * ”是乘号，其后应是乘法的另一个运算对象，所以“ -*p”就是“ - i”。

【2.110】参考答案：A

注释：函数 try 的功能是求 n 的双阶乘 n!!。如果 n 为奇数，则 n!! = n * (n - 2) * … * 3 * 1；如果 n 为偶数，则 n!! = n * (n - 2) * … * 4 * 2。

【2.111】参考答案：B

注释：这是使用递归算法求著名的菲波那奇（Fibonacci）序列。可以将本算法与使用非递归算法的程序进行对比。

【2.112】参考案：① B　② B

【2.113】参考答案：D

注释：对结构数组 cnum 初始化的结果是：cnum[0].x = 1, cnum[0].y = 3, cnum[1].x = 2, cnum[1].y = 7。

【2.114】参考答案：B

【2.115】参考答案：B

【2.116】参考答案：① B　② C

## 三、程序填空题

导读：在程序填空题中，已经给出了程序的主干，读者首先要理解程序的思路，再选择正确的内容填入空白处，使程序完成既定的功能。这类习题的设计就是要引导读者逐步掌握编程的方法。本节习题的难度适中，可能有些典型的程序在课堂上已经有所接触，读者一定要独立完成它，这样就可以逐步提高自己的编程能力。在程序设计语言学习的中期，读者对程序设计已经有了初步的了解，而自己编写程序又不知从何处入手，此时解答此类题目可以避免盲目性，从而提高学习的效率。

【3.1】下面程序的功能是不用第三个变量，实现两个数的对调操作。

```
#include <stdio.h>
main()
{
    int a,b;
    scanf("%d%d",&a,&b);
    printf("a=%d,b=%d\n",a,b);
    a=  ①  ;
    b=  ②  ;
    a=  ③  ;
    printf("a=%d,b=%d\n",a,b);
}
```

【3.2】下面程序的功能是根据近似公式：$\pi^2/6 \approx 1/1^2 + 1/2^2 + 1/3^2 + \cdots + 1/n^2$，求 π 值。

```
#include <stdio.h>
#include <math.h>
double pi(long n)
{
```

```
    double  s =0.0;
    long  i;
    for (i =1;i <= n;i++ )
        s =s + ___①___;
    return( ___②___ );
}
```

【3.3】下面的程序的功能是求一维数组中的最小元素。

```
#include  < stdio.h >
findmin(int  *s,int  t,int  *k)
{
    int  p;
    for (p =0, *k =p;p <t;p++ )
        if (s[p] <s[*k])
            ___①___;
}
main()
{
    int  a[10],i, * k =&i;
    for (i =0;i <10;i++ )
        scanf("%d",&a[i]);
    findmin(a,10,k);
    printf("%d,%d\n", * k,a[*k]);
}
```

【3.4】下面程序的功能是计算 1 -3 +5 -7 + … -99 +101 的值。

```
#include  < stdio.h >
main()
{
    int  i,t =1,s =0;
    for(i =1;i <= 101;i += 2)
    {
        ___①___;
        s =s +t;
        ___②___;
    }
    printf("%d\n",s);
}
```

【3.5】有以下程序段:

```
s =1.0;
for (k =1;k <= n;k++ )
```

```
s=s+1.0/(k*(k+1));
printf("%f\n",s);
```

填空完成下述程序,使之与上述程序的功能完全相同。

```
s=0.0;
___①___;
k=0;
do
{
    s=s+d;
    ___②___;
    d=1.0/(k*(k+1));
}while(___③___);
printf("%f\n",s);
```

【3.6】下面程序的功能是从键盘上输入若干学生的学习成绩,统计并输出最高成绩和最低成绩,当输入为负数时结束输入。

```
#include <stdio.h>
main()
{
    float x,amax,amin;
    scanf("%f",&x);
    amax=x;
    amin=x;
    while(___①___)
    {
        if (x>amax)
          amax=x;
        if (___②___)
          amin=x;
        scanf("%f",&x);
    }
    printf("\namax=%f\namin=%f\n",amax,amin);
}
```

【3.7】下面程序的功能是将形参 x 的值转换为二进制数,所得的二进制数放在一个一维数组中返回,二进制数的最低位放在下标为 0 的元素中。

```
fun(int x,int b[])
{
    int k=0,r;
    do
    {
```

```
        r = x% ___①___;
        b[k++] = r;
        x/ = ___②___;
    }while(x);
}
```

【3.8】下面程序的功能是输出 1 到 100 之间数位上的数的乘积大于和的数。例如，数字 26，数位上数字的乘积 12 大于数字之和 8。

```
#include  <stdio.h>
main()
{
    int  n,k = 1,s = 0,m;
    for(n = 1;n <= 100;n ++)
    {
      k = 1;
      s = 0;
      ___①___;
      while(___②___ )
      {
        k *= m% 10;
        s += m% 10;
        ___③___;
      }
      if(k > s)
        printf("% d\n",n);
    }
}
```

【3.9】下面程序的功能是统计用 0 至 9 之间的不同的数字组成的三位数的个数。

```
#include  <stdio.h>
main()
{
    int  i,j,k,count = 0;
    for(i = 1;i <= 9;i++)
      for(j = 0;j <= 9;j ++)
        if(___①___ )
          continue;
        else
          for(k = 0;k <= 9;k ++)
            if(___②___ )
              count ++;
```

```
    printf("%d\n",count);
}
```

【3.10】下面程序的功能是输出100以内的个位数为6且能被3整除的所有数。

```
#include <stdio.h>
main()
{
    int i,j;
    for(i=0;___①___;i++)
    {
        j=i*10+6;
        if(___②___)
          continue;
        printf("%d\n",j);
    }
}
```

【3.11】下面函数的功能是用辗转相除法求两个正整数m和n的最大公约数。

```
hcf(int m,int n)
{
    int r;
    if(m<n)
    {
      r=m;
      ___①___;
      n=r;
    }
    r=m%n;
    while(___②___)
    {
      m=n;
      n=r;
      r=m%n;
    }
    ___③___;
}
```

【3.12】下面程序的功能是使用冒泡法对输入的10个浮点数从小到大进行排序。排好序的10个数分两行输出。程序如下：

```
#include <stdio.h>
main()
{
```

```
    ___①___;
    int i,j;
    printf("Input 10 numbers please\n");
    for (i=0;___②___;i++ )
            scanf("%f",&a[i]);
    printf("\n");
    for(i=0;___③___;i++ )
      for(j=0;___④___;j++ )
          if(___⑤___)
          {
            x=a[j];
            ___⑥___;
            a[j+1]=x;
          }
    printf("The sorted 10 numbers;\n");
    for(i=0;___⑦___;i++ )
    {
      if(___⑧___)
        printf("\n");
      printf("%f\t",a[i]);
    }
    printf("\n");
}
```

【3.13】下面程序的功能是读入20个整数,统计非负数个数,并计算非负数之和。

```
#include <stdio.h>
main()
{  int i,a[20],s,count;
    s=count=0;
    for(i=0;i<20;i++ )
      scanf("%d",___①___);
    for(i=0;i<20;i++)
    {
      if(a[i]<0)
        ___②___;
      s+=a[i];
      count++;
    }
    printf("s=%d\t count=%d\n",s,count);
}
```

【3.14】下面程序的功能是删除字符串 s 中的空格。

```
#include <stdio.h>
main()
{
    char *s="Beijing ligong daxue";
    int i,j;
    for(i=j=0;s[i]!='\0';i++)
      if(s[i]!= ' ')
          ___①___;
      else
          ___②___;
    s[j]= '\0';
    printf("%s\n",s);
}
```

【3.15】下面程序的功能是将字符串 s 中所有的字符'c'删除。请选择填空。

```
#include <stdio.h>
main( )
{
    char s[80];
    int i,j;
    gets(s);
    for(i=j=0;s[i]!= '\0';i++  )
      if(s[i]!= 'c')
        ___①___;
    s[j]= '\0';
    puts(s);
}
```

【3.16】下面程序的功能是输出两个字符串中对应位置相同的字符。

```
#include <stdio.h>
char x[]="programming";
char y[]="Fortran";
main()
{
    int i=0;
    while(x[i]!= '\0' && y[i]!= '\0')
    if(x[i]==y[i])
        printf("%c",___①___ );
    else
        i++;
```

```
    printf("\n");
}
```

【3.17】下面程序的功能是将字符串 s 中的每个字符按升序的规则插到数组 a 中。字符串 a 已排好序。

```
#include  <stdio.h>
#include  <string.h>
main()
{  char a[20] ="cehiknqtw";
   char s[] ="fbla";
   int i,k,j;
   for(k =0;s[k]!= '\0';k++  )
   {
       j =0;
       while(s[k] >= a[j]  && a[j]!= '\0' )
           j++;
       for ( ___①___ )
           ___②___;
       a[j] =s[k];
   }
   puts(a);
}
```

【3.18】下面程序的功能是对键盘输入的两个字符串进行比较,然后输出两个字符串中第一个不相同字符的 ASCII 码之差。例如,输入的两个字符串分别为“abcdefg”和“abceef”,则输出为 -1。

```
#include  <stdio.h>
main()
{
    char str1[100],str2[100],c;
    int  i,s;
    printf("Enter string 1:");
    gets(str1);
    printf("Enter string 2:");
    gets(str2);
    i =0;
    while(str1[i]  ==  str2[i] && str1[i]!= ___①___ )
        i++;
    s = ___②___ ;
    printf("%d\n",s);
}
```

【3.19】下面函数的功能是将字符串 s 复制到字符串 t 时,将其中的换行符和制表符转换为可见的转义字符表示,即用'\n'表示换行符,用'\t'表示制表符。

```
expand(char s[],char t[])
{
    int i,j;
    for (i=j=0;s[i]!= '\0';i++ )
      switch(s[i])
      {
          case '\n':  t[ ① ] = ② ;
                      t[j++] = 'n';
                      break;
          case '\t':  t[ ③ ] = ④ ;
                      t[j++] = 't';
                      break;
          default:    t[ ⑤ ] = s[i];
                      break;
      }
    t[j] = ⑥ ;
}
```

【3.20】下面函数的功能是检查字符串 s 中是否包含字符串 t,若包含,则返回 t 在 s 中的开始位置(下标值),否则返回 -1。

```
index(char s[],char t[])
{
    int i,j,k;
    for(i=0;s[i]!= '\0';i++ )
    {
        for(j=i,k=0; ①  && s[j]==t[k];j++,k++)
        if( ② )
            return(i);
    }
    return(-1);
}
```

【3.21】下面程序的功能是计算 $S=\sum_{k=0}^{n}k!$。

```
#include <stdio.h>
long fun(int n)                              /* 求n的阶乘 */
{
    int i;
    long s=1;
```

```
    for (i=1;i ___①___;i++)
        s*=i;
    return( ___②___ );
}
main()
{
    int k,n;
    long s;
    scanf("%d",&n);
    s= ___③___;
    for (k=0;k<=n;k++)
        s+= ___④___;
    printf("%ld\n",s);
}
```

【3.22】下面程序的功能是显示具有 n 个元素的数组 s 中的最大元素。

```
#include <stdio.h>
#define N 20
main()
{
    int i,a[N];
    for (i=0;i<N;i++)
        scanf("%d",&a[i]);
    printf("%d\n", ___①___);
}
fmax(int s[],int n)
{
    int k,p;
    for (p=0,k=p;p<n;p++)
        if(s[p]>s[k])  ___②___;
    return(k);
}
```

【3.23】下面程序的功能是由键盘输入 n，求满足下述条件的 x、y：

$n^x$ 和 $n^y$ 的末 3 位数字相同，且 $x \neq y$，x、y、n 均为自然数，并使 $x+y$ 为最小。

```
#include <stdio.h>
pow3(int n,int x)
{
    int i,last;
    for (last=1,i=1;i<=x;i++ )
        last= ___①___;
```

```
    return(last);
}
main()
{
    int  x,n,min,flag = 1;
    scanf("%d",&n);
    for (min = 2;flag;min ++ )
        for (x = 1;x < min  &&  flag;x++  )
            if(  ②   &&  pow3(n,x) == pow3(n,min - x))
            {
                printf("x = %d,y = %d\n",x,min - x  );
                  ③  ;
            }
}
```

【3.24】下面的程序是用递归算法求 a 的平方根。求平方根的迭代公式如下：

$$x_1 = \frac{1}{2}(x_0 + \frac{a}{x_0})$$

```
#include  <stdio.h>
#include  <math.h>
double  mysqrt(double  a,double  x0)
{
    double  x1,y;
    x1 =   ①  ;
    if (fabs(x1 - x0) >0.00001)
      y = mysqrt(  ②  );
    else
      y = x1;
    return(y);
}
main()
{
    double  x;
    printf("Enter  x:");
    scanf("%lf",&x);
    printf("The  sqrt  of  %lf = %lf\n",x,mysqrt(x,1.0));
}
```

【3.25】以下程序是计算学生的年龄。已知第一位最小的学生年龄为 10 岁，其余学生的年龄一个比一个大 2 岁，求第 5 个学生的年龄。

```
#include  <stdio.h>
```

```
age( int n )
{
    int c;
    if (n ==1)
      c =10;
    else
      c = ___①___;
    return(c);
}
main()
{
    int n =5;
    printf("age:%d\n", ___②___);
}
```

【3.26】下面的函数计算 1 ~ n 的累加和。

```
sum(int n)
{
    if (n <=0)
      printf("data error\n");
    if (n ==1)
      ___①___;
    else
      ___②___;
}
```

【3.27】下面的函数是使用递归算法求 n 的阶乘。

```
facto(int n)
{
    if ( n == 0 )
      ___①___;
    else
      return( ___②___ );
}
```

【3.28】以下程序求解组合问题,用 C(n,m)表示从 n 个元素中取出 m 个元素的不同组合数。

由组合的基本性质可知:

(1)C(n,m) = C(n,n - m)

(2)C(n,m) = C(n - 1,m) + C(n - 1,m - 1)

公式(2)是一个递归公式,一直到满足 C(n,1) = n 为止。当 n < 2 × m 时,可先用公式(1)进行简化,填写程序中的空白,使程序可以正确运行。

```
#include <stdio.h>
```

```
combin( int n,int m)
{
    int com;
    if (n<2 * m)
      m=n-m;
    if (m==n)
      com=1;
    else if(m==1)
        ①  ;
    else
      ②  ;
    return(com);
}
main()
{
    int m,n;
    printf("Inputn,m=");
    scanf("%d,%d",&n,&m);
    printf("The combination numbeers is %d\n",combin(n,m));
}
```

【3.29】下列函数是求一个字符串 str 的长度。

```
int strlen(char  * str)
{
    if ( ① )
      return(0);
    else
      return( ② );
}
```

【3.30】用递归实现将输入小于 32 768 的整数按逆序输出。例如,输入“12345”,则输出“54321”。

```
#include  "stdio.h"
r(int m)
{
    printf("%d", ① );
    m= ② ;
    if( ③ )
       ④ ;
}
main()
{
```

```
    int  n;
    printf("Input  n:");
    scanf("%d", __⑤__);
    r(n);
    printf("\n");
}
```

【3.31】输入 n 值,输出高度为 n 的等边三角形。例如,当 n = 4 时的图形如图 3.2 所示。

```
   *
  ***
 *****
*******
```

图 3.2　星号三角形

```
#include  <stdio.h>
void prt(char  c,int  n)
{
    if(n>0)
    {
      printf("%c",c);
      __①__;
    }
}
main()
{
    int  i,n;
    scanf("%d",&n);
    for(i=1; i<=n; i++)
    {
      __②__;
      __③__;
      printf("\n");
    }
}
```

【3.32】下面的函数实现 N 层嵌套平方根的计算。

$$y(x)=\sqrt{x+\cdots+\sqrt{x+\sqrt{x}}}$$

```
double  y(double  x,int  n)
{   if (n==0)
      return(0);
```

```
    else  return( sqrt( x + ( ______ ) ) ) ;
}
```

【3.33】函数 revstr(s)将字符串 s 置逆,如输入的实参 s 为字符串"abcde",则返回时 s 为字符串"edcba"。递归程序如下:

```
revstr( char  * s)
{
    char  * p = s, c;
    while( * p)
        p++ ;
    __①__;
    if( s < p)
    {
        c = * s;
        * s = * p;
        __②__;
        revstr( s + 1 ) ;
        __③__;
    }
}
```

如下是由非递归实现的 revstr(s) 函数:

```
revstr( char  * s)
{   char    * p = s, c;
    while( * p)
        p++ ;
    __④__;
    while( s < p)
    {
        c = * s;
        __⑤__ = * p;
        * p--= c;
    }
}
```

【3.34】下列程序可以验证上述定理:任意一个正整数的立方都可以写成一串连续奇数的和。

例如:13 * 13 * 13 = 2197 = 157 + 159 + … + 177 + 179 + 181

```
#include  < stdio. h >
main(  )
{
    long  int  n, i, k, j, sum;
    printf( "Enter  n =") ;
```

```
        scanf("%ld",&n);
        k = n * n * n;
        for(i = 1;i < k/2;i += 2)
        {
            for (j = i,sum = 0;____①____;j += 2)
                sum += j;
            if (____②____)
              printf("%ld * %ld * %ld = %ld = form%ldto%ld\n",n,n,n,sum,i,____③____);
        }
    }
```

【3.35】从键盘上输入 10 个整数,程序按降序完成从大到小的排序。

```
#include <stdio.h>
int array[10];
sort(int  * p,int  * q )
{
    int  * max, * s;
    if (____①____)
      return;
      max = p;
      for (s = p + 1;s <= q;s ++ )
          if( * s > * max)
      ____②____;
      swap(____③____);
      sort(____④____);
}
swap(int  *x,int  *y )
{
    int temp;
    temp = *x;
     *x = *y;
     *y = temp;
}
main()
{
    int i;
    printf("Enter data:\n");
    for (i = 0;i < 10;i++ )
        scanf("%d",&array[i]);
    sort(____⑤____);
```

```
    printf("Output:");
    for(i=0;i<10;i++)
        printf("%d",array[i]);
}
```

【3.36】下面函数的功能是将一个整数按逆序存放到一个字符数组中。例如,将整数483存放成字符串“384”。

```
#include <stdio.h>
char str[100] = {0};
void convert(char *a,int n)
{
    int i;
    if ((i=n/10) !=0 )
      convert(__①__,i );
    *a = __②__ ;
}
main()
{   int number;
    scanf("%d",&number);
    convert(str,number );
    puts(str);
}
```

【3.37】下面程序的功能是实现数组元素中值的逆转。

```
#include <stdio.h>
#include <string.h>
main()
{
    int i,n=10,a[10]={1,2,3,4,5,6,7,8,9,10};
    invert(a,n-1);
    for(i=0;i<10;i++)
        printf("%4d",a[i]);
    printf("\n");
}
invert(int *s,int num)
{
    int *t,k;
    t=s+num;
    while(__①__)
    {
        k = *s;
```

```
        *s = *t;
        *t = k;
        __②__;
        __③__;
    }
}
```

【3.38】下面程序通过指向整型的指针将数组 a[3][4]的内容按 3 行 ×4 列的格式输出，请给 printf( )填入适当的参数，使之通过指针 p 将数组元素按要求输出。

```
#include  <stdio.h>
int a[3][4] = {{1,2,3,4},{5,6,7,8},{9,10,11,12}}, *p = a;
main()
{
    int i,j;
    for(i = 0;i < 3;i++ )
    {
      for(j = 0;j < 4;j ++ )
        printf("%4d  ",______);
      printf("\n");
    }
}
```

【3.39】下面程序的功能是：从键盘上输入一行字符，存入一个字符数组中，然后输出该字符串。

```
#include  <stdio.h>
main( )
{
    char str[81], *sptr;
    int  i;
    for(i = 0;i < 80;i++ )
    {
        str[i] = getchar( );
        if (str[i] == '\n')
          break;
    }
    str[i] = __①__;
    sptr = str;
    while( *sptr)
       putchar( *sptr __②__);
}
```

【3.40】下面函数的功能是将字符变量的值插入已经按 ASCII 码值从小到大排好序的字符

串中。

```
void fun(char  *w,char  x,int  *n)
{
    int i,p=0;
    while(x>w[p])
       ①  ;
    for(i=*n;i>=p;i--)
       ②  ;
    w[p]=x;
    ++*n;
}
```

【3.41】下面程序的功能是从键盘上输入两个字符串,对两个字符串分别排序;然后将它们合并,合并后的字符串按ASCII码值从小到大排序,并删去相同的字符。

```
#include  <stdio.h>
strmerge(char  *a,char  *b,char  *c)                /* 将字符串a、b合并到c  */
{
    char  t, *w=c;
    while( *a!= '\0'  ①  *b!='\0' )
    {  t=  ②  ?  *a++:*b<*a?  *b++:(  ③  );
                                                     /* 将*a、*b的小者存入t  */
       if( *w  ④  '\0' )
          *w=t;
    else
      if(t  ⑤  *w)    *++w=t;                      /* 将与*w不相同的t存入w    */
    }
    while(*a  !=  '\0' )                         /* 以下将a或b中剩下的字符存入w    */
       if(*a  !=   *w )
          *++w= *a++;
      else
         a++;
    while(*b  !=  '\0')
      if(*b  !=   *w )
         *++w = *b++;
      else
         b++;
    *++w=  ⑥  ;
}

strsort(  char  *s )                              /* 将字符串s中的字符排序  */
```

```
{
    int i,j,n;
    char t, * w;
    ___⑦___;
    for(n =0; *w  != '\0';___⑧___ )
      w ++ ;
    for(i =0;i < n - 1;i++  )
      for(  j = i + 1;j < n;j ++  )
        if(  s[i] > s[j]  )
          {  ___⑨___  }
}
main( )
{
    char s1[100],s2[100],s3[200];
    printf("\nPlease Input First String:");
    scanf("%s",s1);
    printf("\nPlease Input Second String:");
    scanf("%s",s2);
    strsort(s1);
    strsort(s2);
    ___⑩___ = '\0';
    strmerge(s1,s2,s3);
    printf("\nResult:%s",s3);
}
```

【3.42】已知某数列前两项为 2 和 3,其后继项根据前面最后两项的乘积,按下列规则生成:

①若乘积为一位数,则该乘积即为数列的后继项;

②若乘积为二位数,则该乘积的十位上的数字和个位上的数字依次作为数列的两个后继项。

下面的程序输出该数列的前 N 项及它们的和,其中,函数 sum(n,pa)返回数列的前 N 项和,并将生成的前 N 项存入首指针为 pa 的数组中,程序中规定输入的 N 值必须大于 2,且不超过给定的常数值 MAXNUM。

例如:若输入 N 的值为 10,则程序输出如下内容:

```
sum(10) =44
2  3  6  1  8  8  6  4  2  4
```

```
#include  <stdio.h>
#define MAXNUM 100
int sum(int n,int  * pa)
{
    int count,total,temp;
```

```
    * pa  =  2;
    ____①____ =3;
    total =5;
    count =2;
    while(count++ <n)
    {
      temp  =  *(pa -1) *  *pa;
      if(temp <10)
      {
          total  +=  temp;
          *(++ pa)  =  temp;
      }
      else
      {
          ____②____ =  temp/10;
          total  +=  * pa;
          if(count <n)
          {
              count++ ;   pa++ ;
              ____③____ =  temp%10;
              total  +=  * pa;
          }
      }
    }
    ____④____;
}
main()
{
    int  n, * p, * q,num[MAXNUM];
    do
    {
      printf("Input  N =? (2 <N <%d):",MAXNUM +1);
      scanf("%d",&n);
    }while( ____⑤____ );
    printf("\nsum(%d) =%d\n",n,sum(n,num));
    for(p =num,q  = ____⑥____;  p <q;  p++ )
      printf("%4d", * p);
    printf("\n");
}
```

【3.43】下面程序的功能是输入学生的姓名和成绩,然后输出。

```
#include  <stdio.h>
struct stuinf
{
    char name[20];                      /*  学生姓名  */
    int score;                          /*  学生成绩  */
} stu, *p;
main( )
{
    p = &stu;
    printf("Enter name:");
    gets(  ①  );
    printf("Enter score:");
    scanf("%d",  ②  );
    printf("Output:%s,%d\n",  ③  ,  ④  );
}
```

【3.44】下面程序的功能是按学生的姓名查询其成绩排名和平均成绩。查询时可连续进行,直到输入0时才结束。

```
#include  <stdio.h>
#include  <string.h>
#define   NUM   4
struct student
{
    int rank;
    char  *name;
    float score;
};
  ①   stu[ ] = {3,"liming",89.3,
                4,"zhanghua",78.2,
                1,"anli",95.1,
                2,"wangqi",90.6
};
main()
{
    char str[10];
    int  i;
    do
    {
        printf("Enter a name");
```

```
        scanf("%s",str);
        for(i=0;i<NUM;i++)
          if(___②___)
          {
            printf("Name     :%8s\n",stu[i].name);
            printf("Rank     :%3d\n",stu[i].rank);
            printf("Average:%5.1f\n",stu[i].score);
            ___③___;
          }
       if ( i>=NUM )
         printf("Not found\n");
    }while(strcmp(str,"0")!=0);
}
```

【3.45】下面程序的功能是从终端上输入5个人的年龄、性别和姓名,然后输出。

```
#include <stdio.h>
struct man
{
    char name[20];
    unsigned age;
    char sex[7];
};

main( )
{
    struct man person[5];
    data_in(person,5);
    data_out(person,5);
}

data_in(struct man *p,int n )
{
    struct man *q =___①___;
    for( ;p<q;p++ )
    {
        printf("age:sex:name" );
        scanf("%u%s",&p->age,p->sex);
        ___②___;
    }
}
```

```
data_out( struct man  *p,int  n )
{
      struct man  *q  = ____③____;
      for(  ;p < q;p++ )
         printf("%s;%u;%s\n",p -> name,p -> age,p -> sex);
}
```

【3.46】输入 N 个整数,储存输入的数及对应的序号,并将输入的数按从小到大的顺序进行排列。要求:当两个整数相等时,整数的排列顺序由输入的先后次序决定。例如:输入的第 3 个整数为 5,第 7 个整数也为 5,则将先输入的整数 5 排在后输入的整数 5 的前面。程序如下:

```
#include <stdio.h>
#define N 10
struct
{
      int no;
      int num;
} array[N];

main( )
{
      int i,j,num;
      for(i=0;i<N;i++)
      {
            printf("enter No. %d:",i);
            scanf("%d",&num);
            for( ____①____;j>=0&&array[j].num ____②____ num; ____③____ )
               array[j+1] = array[j];
            array[ ____④____ ].num = num;
            array[ ____⑤____ ].no = i;
      }
      for(i=0;i<N;i++)
         printf("%d=%d,%d\n",i,array[i].num,array[i].no);
}
```

【3.47】以下程序的功能是:读入一行字符(如:a、…、y、z),按输入时的逆序建立一个链表,即先输入的位于链表尾(如图 3.3 所示),然后再按输入的相反顺序输出,并释放全部结点。

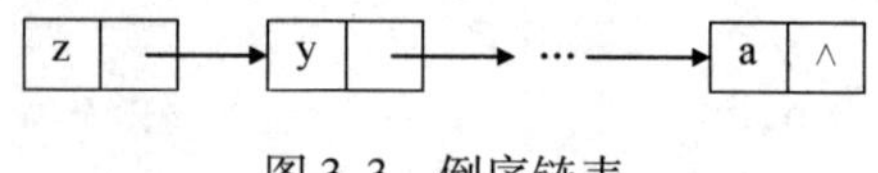


图 3.3　倒序链表

```
#include  <stdio.h>
main( )
{
    struct node
    {
        char info;
        struct node  *link;
    } *top, *p;
    char c;
    top = NULL;
    while((c = getchar( )) __①__ )
    {
        p = (struct node  *)malloc(sizeof(struct node));
        p -> info = c;
        p -> link = top;
        top = p;
    }
    while( top )
    {
        __②__;
        top = top -> link;
        putchar(p -> info);
        free(p);
    }
}
```

【3.48】下面函数将指针 p2 所指向的线性链表,串接到 p1 所指向的链表的末端。假定 p1 所指向的链表非空。

```
#define NULL 0
struct link
{
    float a;
    struct link  *next;
};
void concatenate(struct list  *p1,struct list  *p2)
{
```

```
        if (p1 -> next == NULL)
            p1 -> next = p2;
        else
            concatenate(  ①  ,p2);
    return;
}
```

【3.49】以下程序可以将从键盘上输入的十进制数(long 型)以二进制、八进制或十六进制数的形式输出。

```
#include <stdio.h>
main( )
{
    char b[16] = {'0','1','2','3','4','5','6','7',
                  '8','9','A','B','C','D','E','F'};
    int  c[64],d,i=0,base;
    long n;
    printf("Enter a number:");
    scanf("%ld",&n);
    printf("Enter new base:");
    scanf("%d",&base);
    do
    {
        c[i] =  ①  ;
        i++;
        n=n/base;
    }while(n!=0);
    printf("Transmite new base:\n");
    for(--i;i>=0;--i)
    {
        d=c[i];
        printf("%c",b  ②  );
    }
}
```

【3.50】下面程序的功能是从键盘上顺序输入整数，直到输入的整数小于 0 时才停止输入。然后反序输出这些整数。

```
#include <stdio.h>
struct data
{
    int x;
    struct data *link;
```

```
} *p;

input()
{
    int num;
    struct data  *q;
    printf("Enter data:");
    scanf("%d",&num);
    if (num<0)
      ___①___;
    q  = ___②___;
    q->x  =  num;
    q->link  =  p;
    p=q;
    ___③___;
}
main()
{
    printf("Enter data until data<0:\n");
    p=NULL;
    input();
    printf("Output:");
    while( ___④___ )
    {
        printf("%d\n",p->x);
        ___⑤___;
    }
}
```

【3.51】下面函数的功能是创建一个带有头结点的链表,将头结点返回给主调函数。链表用于储存学生的学号和成绩。新产生的结点总是位于链表的尾部。

```
typedef struct student
{
    long num;
    int score;
    struct student  *next;
}STU;
STU  *creat()
{
    STU  *head=NULL, *tail;
```

```
    long num;  int a;
    head = ( __①__ )malloc(sizeof(STU));
    head -> num = 0;
    head -> score = -1;
    tail = head;
    do
    {
        scanf("%ld,%d",&num,&a);
        if(num!=0)
        {
            tail -> next = ( __①__ )malloc(sizeof(STU));
            __②__ ;
            tail -> num = num;
            tail -> score = a;
        }
        else
            tail -> next = NULL;
    }while(num!=0);
    return( __③__ );
}
```

【3.52】下面 create 函数的功能是建立一个带头结点的单向链表,结点按照输入的反向保存,即先输入的结点在后,后输入的结点在前。单向链表的头指针作为函数值返回。

```
#define LEN sizeof(struct student)
struct student
{
    long num;
    int score;
    struct student *next;
};
struct student *creat()
{
    struct student *head = NULL, *p = __①__ ;
    long num;  int a;
    head = (struct student *)malloc(LEN);
    head -> num = 0;
    head -> score = -1;
    do
    {
        scanf("%ld,%d",&num,&a);
```

```
            if(num!=0)
            {
              head->next  =(struct  student  *)malloc(LEN);
              ___②___ = p;
              p = ___③___ ;
              p->num = num;
              p->score = a;
            }
          }while(num!=0);
          return(head);
        }
```

【3.53】下面程序的功能是统计名为“fname. dat”的文件中的字符的个数。

```
#include  <stdio.h>
main()
{
    long  num=0;
    ___①___  *fp;
    if((fp=fopen("fname.dat","r")) == NULL)
    {
      printf("Can't  open  the  file!  ");
      exit(0);
    }
    while(___②___)
    {
      fgetc(fp);
      num++;
    }
    printf("num = %d\n",num);
    fclose(fp);
}
```

【3.54】下面程序的功能是把从键盘输入的文件(用@作为文件结束标志)复制到一个名为second. txt的新文件中。

```
#include  <stdio.h>
FILE  *fp;
main()
{
    char  ch;
    if((fp=fopen(___①___)) == NULL)
      exit(0);
```

```
    while((ch = getchar())! = '@')
    fputc(ch,fp);
    ___②___;
}
```

【3.55】下面程序的功能是将磁盘上的一个文件复制到另一个文件中,两个文件名在命令行中给出(假定给定的文件名无误)。

```
#include <stdio.h>
main(int argc,char *argv[])
{
    FILE *f1, *f2;
    if(argc < ___①___ )
    {
      printf("The command line error! ");
      exit(0);
    }
    f1 = fopen(argv[1],"r");
    f2 = fopen(arhv[2],"w");
    while( ___②___ )
      fputs(fgetc(f1), ___③___ );
    fclose(f2);
    fclose(f1);
}
```

【3.56】下面程序的功能是根据命令行参数分别实现一个正整数的累加或阶乘。例如:如果可执行文件的文件名是 sm,则执行该程序时输入"sm + 10",可以实现 10 的累加;输入"sm - 10",可以实现求 10 的阶乘。

```
#include <stdio.h>
#include <stdlib.h>
main(int argc,char *argv[])
{
    int n;
    void sum(),mult();
    void(*funcp)();
    n = atoi(argv[2]);
    if (argc! = 3 || n <=0)
      dispform( );
    switch( ___①___ )
    {
       case '+':funcp = sum;
                break;
```

```
        case  '-':funcp = mult;
                  break;
        default:dispform( );
    }
    ___②___;
}
void sum(int m)
{
    int i,s=0;
    for(i=1;i<m;i++)
      ___③___;
    printf("sum = %d\n",s);
}
void mult(int m)
{
    long int i,s=1;
    for(i=1;i<=m;i++)
      s*=i;
    printf("mult =  %ld\n";s);
}
dispform( )
{
    printf("usage:sm n( +/!)(n>0)\n");
    exit(0);
}
```

【3.57】下面程序的功能是从键盘上输入一个字符串,把该字符串中的小写字母转换为大写字母,输出到文件 test.txt 中,然后从该文件读出字符串并显示出来。

```
#include  <stdio.h>
main()
{
    char str[100];
    int i=0;
    FILE  *fp;
    if((fp=fopen("test.txt",___①___))==NULL)
    {   printf("Can't open the file.\n");
        exit(0);
    }
    printf("Input a string:\n");
    gets(str);
```

```
    while(str[i])
    {
      if (str[i] >= 'a'&&str[i] <= 'z')
        str[i] = ___②___;
      fputc(str[i],fp);
      i++;
    }
    fclose(fp);
    fp = fopen("test. txt",___③___);
    fgets(str,strlen(str) +1,fp);
    printf("%s\n",str);
    fclose(fp);
}
```

【3.58】下面程序的功能是将从终端上读入的 10 个整数以二进制方式写入名为“bi. dat”的新文件中。

```
#include <stdio. h>
FILE *fp;
main( )
{
    int i,j;
    if (( fp = fopen(___①___,"wb")) == NULL )
      exit(0);
    for(i =0;i <10;i++ )
    {
      scanf("%d",&j );
      fwrite(___②___,sizeof(int),1,___③___);
    }
    fclose(fp);
}
```

【3.59】以字符流形式读入一个文件,从文件中检索出 6 种 C 语言的关键字,并统计、输出每种关键字在文件中出现的次数。本程序中规定:单词是一个以空格或'\t'、'\n'结束的字符串。

```
#include <stdio. h>
#include <string. h>
FILE *cp;
char fname[20],buf[100];
int num;
struct key
{
```

```
    char word[10];
    int count;
}keyword[] = {"if",0,"char",0,"int",0,
              "else",0,"while",0,"return",0};
char *getword(FILE *fp)
{
    int i=0;
    char c;
    while((c=getc(fp))!=EOF && (c==' ' || c=='\t' || c=='\n'));
    if (c==EOF)
      return(NULL);
    else
      buf[i++] =c;
    while((c = ___①___ && c!= ' ' && c!= '\t' && c!= '\n' )
        buf[i++ ] =c;
    buf[i] ='\0';
    return(buf);
}
lookup(char *p)
{
    int i;
    char *q, *s;
    for(i=0;i<num;i++)
    {
      q = ___②___;
      s=p;
      while( *s &&( *s == *q))
      {
         ___③___;___
      }
      if( ___④___ )
      {
         keyword[i].count++;
         break;
      }
    }
    return;
}
main()
```

```
{
    int i;
    char  * word;
    printf("Input  file  name:");
    scanf("%s",fname);
    if((cp = fopen(fname,"r"))  == NULL  )
    {   printf("File  open  error:%s\n",fname);
        exit(0);
    }
    num = sizeof(keyword)  /  sizeof(struct  key);
    while(  ⑤  )
       lookup(word);
    fclose(cp);
    for(i =0;i < num;i++ )
    printf("keyword:% -20scount = %d\n",keyword[i]. word,keyword[i]. count);
}
```

【3.60】下面程序的功能是从键盘接受姓名(如输入“ZHANG SAN”),在文件“try. dat”中查找,若文件中已经存入了刚输入的姓名,则显示提示信息;若文件中没有刚输入的姓名,则将该姓名存入文件。要求:

(1)若磁盘文件“try. dat”,已存在,则要保留文件中原来的信息;若文件“try. dat”不存在,则在磁盘上建立一个新文件;

(2)当输入的姓名为空时(长度为0),结束程序。

```
#include  <stdio. h >
main()
{
    FILE  * fp;
    int  flag;
    char  name[30],data[30];
    if((fp = fopen("try. dat",  ①  )) == NULL  )
    {   printf("Open  file  error\n");
        exit(0);
    }
    do
    {
      printf("Enter  name:");
      gets(name);
      if (strlen(name) ==0)
        break;
      strcat(name,"\n");
```

```
    ___②___;
    flag = 1;
    while(flag &&(fgets(data,30,fp) ___③___ ))
        if (strcmp(data,name) == 0)
            ___④___;
    if (flag)
        fputs(name,fp);
  else
        printf("\tData enter error ! \n");
  }while( ___⑤___ );
  fclose(fp);
}
```

## 【程序填空题参考答案】

【3.1】答案:①a + b　②a - b　③a - b

【3.2】答案:①1.0/(float)(i * i)　② sqrt(6 * s)

注释:此题要注意运算对象的数据类型,如果运算对象都是整型,会得到错误的结果。

【3.3】答案:① *k = p

注释:findmin 函数的形参 k 采用指针变量的形式,以便把求得的数组中最小元素的下标返回到主函数。

【3.4】答案:① t = t * i　② t = t > 0? -1:1

注释:如果填写 t = -t 也可以起到变换正负号的作用。

【3.5】答案:① d = 1　② k++　③ k <= n

注释:程序的功能是计算 1 + 1/(1 * 2) + 1/(2 * 3) + 1/(3 * 4) + … + 1/(n * (n + 1))的值。变量 d 保存每一个新加入项的值,因为 s 的初值是 0,所以 d 的初值是 1。当 k 等于 n 时,d 中保存的是 1/(n * (n + 1)),将其加入到 s,k 变为 n + 1,循环结束。

【3.6】答案:① x >= 0　② x < amin

【3.7】答案:① 2　② 2

【3.8】答案:① m = n　② m > 0　③ m = m/10

注释:使用求余运算% 和除法运算/,可以将一个整数分割为两部分。

【3.9】答案:① i == j　② k != i && k != j

注释:使用穷举法计算可能的 3 位数。

【3.10】答案:① i <= 9　② j%3 != 0

【3.11】答案:① m = n　② r != 0　③ return(n)

注释:求两个整数的最大公约数的辗转相除法,是用两个数中的较大数除以较小数,如果余数不为0,则舍弃最大数,原来的较小数和余数两个数继续相除,直到余数为0,则较小数就是所求的最大公约数。

【3.12】答案:① float a[10],x　② i<=9　③ i<=8　④ j<=9-i
⑤ a[j]>a[j+1]　⑥ a[j]=a[j+1]　⑦ i<=9　⑧ i%5==0

【3.13】答案:① &a[i]　② continue
注释:使用 scanf 函数输入数组元素的值。如果元素值小于 0 时,应当跳过后面的语句,取下一个数,所以②要填入 continue。

【3.14】答案:① s[j++]=s[i]　② s[j]=s[i]

【3.15】答案:① s[j++]=s[i]

【3.16】答案:① x[i++]

【3.17】答案:① i=strlen(a);i>=j;i--　② a[i+1]=a[i]
注释:strlen 函数是求字符串的长度。将 s 中的一个字符 s[k]与 a 中的字符依次比较,当 s[k]小于 a 中的某个字符 a[j]时,将 a[j]及后面的字符都后移一位,将 a[k]插入。

【3.18】答案:① '\0'　② str1[i]-str2[i]

【3.19】答案:① j++　② '\\'　③ j++　④ '\\'　⑤ j++　⑥ '\0'
注释:如果是字符'\n'时,复制为'\'和'n'两个字符;是字符'\t'时,复制为'\'和't'两个字符。

【3.20】答案:① t[k]!= '\0'　② t[k] == '\0'
注释:如果字符串 t 的字符与 s 中从第 i 个字符依次相等,则当 t[k]为'\0'时循环结束,表示字符串 s 中是否包含字符串 t。

【3.21】答案:① <=n　② s　③ 0　④ fun(k)

【3.22】答案:① a[fmax(a,N)]　② k=p
注释:fmax 函数求出最大值元素的下标。

【3.23】答案:① last * n%1000　② x!=min-x　③ flag=0
注释:pow3 函数求出 $n^x$ 的后三位。min 保存 x+y 的和,min 的值逐渐增大,当找到满足题目条件的 x 和 y 以后,flag 置 0,循环终止。

【3.24】答案:①(x0+a/x0)/2　② a,x1
注释:根据迭代公式,①处应当是计算迭代值 x1=(x0+a/x0)/2。按照求平方根的要求,当迭代的精度不能满足"(fabs(x1-x0)>0.00001)"时,则要继续迭代,因此②处应当填写"a,x1"。程序中调用了求绝对值的库函数 fabs( )。

【3.25】答案:① 2+age(n-1)　② age(5)
注释:由于程序是递归算法,因此首先要建立问题的递归数学模型。根据原题的描述可以写出如下递归公式:

$$age(n)=10 \qquad (n=1)$$

$$age(n)=2+age(n-1) \qquad (n>1)$$

对照程序和递归公式可以看出:n 的含义是第 n 位学生。很显然,要求第 5 位学生的年龄,②处应当是调用函数 age,实参的值应当是 5。在①处应该是函数的递归调用,根据递归公式,应当填写:2+age(n-1)。

【3.26】答案:① return(1)　② return(sum(n-1)+n)
注释:按照常规的编程方法,此问题可采用一个循环语句实现。阅读程序,没有发现循环语句,这时,应当认为原来的编程者使用的是非常规的算法。对于这样常规算法需要

用循环实现而没有使用循环的程序,就可以肯定地认为,一定是使用了递归算法。

将问题"求1~n的累加和"的公式写成递归定义,可以是如下形式:

sum(n) = 1　　　　　　当 n = 1 时

sum(n) = sun(n - 1) + n　　　　当 n > 1 时

根据此递归定义,可以很容易完成程序。

【3.27】答案:① return(1)　② n * facto(n - 1)

注释:求 n! 的递归公式是:

n! = 1　　　　　　当 n = 1 时

n! = n × (n - 1)　　　　当 n > 1 时

即 n 的阶乘可以表示为 n 乘以(n - 1)的阶乘,而 n - 1 的阶乘又可以调用这个函数求出。

【3.28】答案:① com = n　② com = combin(n - 1, m - 1) + combin(n - 1, m)

注释:题目的说明中已经给出组合问题的递归定义,不需要读者自己寻找递归表达式。程序中的语句"if(n < 2 * m)　m = n - m;"完成了题目中叙述的"用公式(1)进行简化"的工作。

【3.29】答案:① * str == '\0'　② 1 + strlen(str + 1)

注释:求串长算法的关键是确定串结束标记'\0'的位置。根据求串长的方法,可以得到如下递归算法:指针 str 指向字符串的首字符,

如果　当前字符( * str) ==　串结束标记'\0'

则　　串长 = 0

否则

串长 = 1 + 除第一个字符之外的剩余字符串的串长

因此,在①的位置上应当填写" * str == '\0'",以判断当前字符( * str)是否是串结束标记'\0'。在②的位置应当是根据上面的递归算法进行递归调用,因此应当填写"1 + strlen(str + 1)"。

【3.30】答案:① m%10　② m/10　③ m > 0　④ r(m)　⑤ &n

注释:递归函数 r 的思路是将整数的最后一位输出,截去整数的最后一位,再次调用函数 r。

【3.31】答案:① prt(c, n - 1)　② prt(' ', n - i)　③ prt(' * ', 2 * i - 1)

注释:函数 prt 的功能是递归输出 n 个字符 c,函数的参数是欲输出的字符以及个数,先输出一个字符,然后将输出字符的个数减一,继续调用此函数。

【3.32】答案:y(x, n - 1)

注释:这显然是一个递归问题,首先要对原来的数学函数定义形式进行变形,推导出原来函数的等价递归定义。可以推导出原来函数的递归定义如下。

y(x, n) = 0　　　　　　当 n = 0 时

y(x, n) = sqrt(x + y(x, n - 1))　　　　当 n > 0 时

【3.33】答案:① p--　② * p = '\0'　③ * p = c　④ p--　⑤ * s++

注释:在递归算法中,指针 s 指向字符串的第一个字符,指针 p 所指向的字符串的最后一个字符,将其交换;将尚没有交换的字符串的中间部分作为一个整体,进行递归处

理。程序中首先执行语句“c = *s;”,将首字符存入临时变量;然后执行语句“*s = *p;”,将尾字符存入串首;执行语句“revstr(s+1);”是递归处理串的中间部分,这时,在②处应当填入“*p='\0'”,即存入串结束标记。这是这一程序中的关键所在。在③处要完成将存在临时变量c中的字符存入串尾的工作,应当填写“*p=c”。

【3.34】答案:① sum<k ② sum==k ③ j-2

【3.35】答案:① p>=q ② max=s ③ p,max

④ p+1,q ⑤ &array[0],&array[9]

注释:本程序中的排序部分采用的是递归算法。排序的递归算法的思路是:找到n个数中的最大值,将其放到数组首,其余n-1个元素再次调用此函数。递归排序函数sort的两个形参的含义是:对指针p和指针q之间的数据进行排序;指针p指向第一个元素,指针q指向最后一个元素,指针p应小于指针q,因此①处应填“p>=q”、⑤处应填“&array[0],&array[9]”。

由于变量max是指向当前最大值的指针,则当找到新的最大值时,max中保存的应该是新的最大值的指针,因此②处应填“max=s”。

当调用函数swap交换两个变量值的时候,要求实参是变量的地址,因此,③处应填“p,max”,swap函数后s指向的最大值存入指针p所指向的单元。

由于问题的要求是“从大到小”排序,通过执行一次函数sort使最大值已经放到了指针p所指的单元中,因此,下一遍排序的时候,只要对指针p之后的元素进行即可,所以④处应填“p+1,q”。

【3.36】答案:① a+1 ② n%10+'0'

注释:函数convert采用了递归方法。其形参是存放字符串的数组首地址和欲变换的整数;原整数去掉个位、数组首地址加一,再次调用convert函数进行变换;而整数的个位上的数字变为字符存放在数组首。

【3.37】答案:① s<t ② s++ ③ t--

注释:invert函数中指针s指向数组的第一个元素,指针t指向最后一个元素,将它们所指向的元素进行交换;然后s的指向后移一个元素,t的指向前移一个元素继续进行交换,当s的指向不小于t的指向时循环结束。

【3.38】答案:*p++ 或 *(p+4*i+j)

注释:因为p被说明为一个指向整型数的指针,虽然它保存二维数组a的首地址,但对其进行加1运算时,实际地址增加一个整型数的长度。在C语言中,多维数组在计算机中是按行存储的,所以在本题中指针每次加1,正好是按照行优先的顺序将数据输出。

【3.39】答案:① '\0' 或 0 ② ++

注释:在C语言中,进行字符串处理时,必须注意串结束标记'\0',它是在进行串处理时的最基本的要求,所以①中要填入'\0'。为了使用putchar输出一个字符串,则必须有改变指针的运算,这里只能使用++运算。

【3.40】答案:① p++ ② w[i+1]=w[i]

【3.41】答案:① && ② *a<*b ③ *a++,*b++ ④ ==

⑤ != ⑥ '\0' ⑦ w=s ⑧ n++

⑨t = s[i];s[i] = s[j];s[j] = t; ⑩ s3[0]

【3.42】答案:① *++ pa ② *++ pa ③ *pa
④ return(total) ⑤ n <= 2 || n >= MAXNUM + 1 ⑥ num + n

【3.43】答案:①stu. name ② &stu. score ③ p -> name ④ p -> score
注释:这是结构中的最基本概念。

【3.44】答案:① struct student ② strcmp(stu[i]. name,str) == 0 ③ break
注释:程序的主体是一个二重循环,内层 for 循环完成查找学生的工作。①处是进行结构数组说明并初始化,按照结构变量说明的格式规定,应该填写“strcut student”。②处为 if 语句的逻辑条件,应当是当查找到指定的学生后输出学生的情况,因此应当填写“strcmp(stu[i]. name,str) == 0”。③处应当将控制退出内层的 for 循环,只能选择 break 语句。

【3.45】答案:① p + n ② gets(p -> name) ③ p + n
注释:本程序是通过函数完成对于结构数组的输入和输出操作。函数 data_in 和 data_out十分相似,都是通过结构指针 p 和结构指针 q 来操作结构数组的元素。由于指针 q 在两个函数中的作用相同,所以①和③填写的内容也应该是相同的;由 for 语句中的循环终止条件“p < q”可以看出,q 应该指在数组的最后一个元素之后,所以①和③应当填入 p + n。②应当完成姓名的输入工作,应当为 gets(p -> name)。

【3.46】答案:① j = i - 1 ② > ③ j-- ④ j + 1 ⑤ j + 1
注释:程序的基本思想是:对于输入的第 i 个整数 num,从数组 array 中已有的元素中倒序开始查找。若数组 array 中的第 j 个元素的值大于 num,则将数组中的元素 j 向后移动一个位置;否则,就应将 num 插入到当前位置作为元素 j。因此,程序的基本设计思想就是插入排序。

程序中内层的 for 循环完成查找插入位置的工作,因此答案①、②和③有密切的关系,要统一考虑。同样,程序中的答案④和⑤也有密切的关系,要统一考虑。

【3.47】答案:① != '\n' ② p = top

【3.48】答案:① p1 -> next

【3.49】答案:① n% base ② [d]

【3.50】答案:① return ②(struct data *) malloc(sizeof(struct data))
③ input( ) ④ p! = NULL ⑤ p = p -> next

【3.51】答案:① (STU *) ② tail = tail -> next ③ head
注释:①malloc 函数的作用是在内存开辟指定字节数的存储空间,并将此存储空间的地址返回赋给尾指针 tail,但是此地址为 void 型,应将其强制转换为所要求的结构指针类型。

②新输入的结点的内存地址存于 tail 所指向的已建立的链表的尾结点的结构成员 next,新结点连入链表以后,尾指针 tail 应指向新的结点。

【3.52】答案:① NULL ② head -> next -> next ③ head -> next
注释:指针 p 总是指向最后一次输入的结点,所以初始时①为 NULL。新插入的结点总是在头结点的后面,最后一次输入的结点的地址保存在 p 中,应连接在新结点的后面,所以②为 head -> next -> next。指针 p 再保存新结点的地址,所以③填 head -> next。

【3.53】答案:① FILE　② !feof(fp)

注释:FILE 是文件结构类型名。feof()是测试文件结束标志的函数。

【3.54】答案:① "second.txt"　② fclose(fp)

【3.55】答案:① 3　② !feof(f1)或 feof(f1)==0　③ f2

注释:程序中使用了带参数的 main 函数,其中整型参数 argc 为命令行中字符串的个数,此程序运行时输入的字符串有可运行程序名、文件 1 和文件 2,故 argc 不应小于 3。字符串指针 argv[0]指向可运行程序名、字符串指针 argv[1]指向输入文件名、字符串指针 argv[2]指向输出文件名。由上所述,②处给出循环条件是输入文件是否结束,③处需要填出输出文件名。最后两处是关闭两个文件,原则上关闭文件没有顺序要求,但习惯上是后打开的文件先关闭。

【3.56】答案:① *argv[1]　②(*funcp)(n)　③ s+=i

注释:程序执行时输入的命令及参数的个数(操作系统规定用空格表示字符串的分隔)由系统赋给主函数的形数 argc,输入的命令和参数以字符串的格式保存,字符串的首地址分别赋给指针数组 argv 的各个元素,其中 argv[1]是'+'或'-',分别表示累加或阶乘。程序根据 argv[1]所指向的字符串的内容给指向函数的指针变量 funcp 赋值。②处要求的语句是根据指向函数的指针变量的内容对相应的函数实现调用。

【3.57】答案:① "w"　② str[i]-32　③ "r"

【3.58】答案:①"bi.dat"　② &j　③ fp

【3.59】答案:① fgetc(fp))!=EOF　② &keyword[i].word[0]　③ s++; q++;

④ *s == *q　⑤ (word=getword(cp))!=NULL

【3.60】答案:① "a+"　② rewind(fp)　③ !=NULL　④ flag=0　⑤ ferror(fp)==0

## 四、编写程序题

导读：题目按照以下 7 个方面进行安排：基本运算、基本算法、输出图形、递归算法、字符串处理、结构、其他。

（1）基本运算题主要熟悉 C 语言的数据类型、运算规则、程序的基本结构等。

（2）输出图形题的目的是熟悉循环程序的编写。

（3）基本算法题包括常用的排序算法、穷举算法等。

（4）函数的递归调用是学习 C 语言的一个难点。所选用的一些题目可以用非递归方法来编写，但是要根据读者掌握递归算法来安排。

（5）字符串处理是编程中经常遇到的，需要一定的经验与技巧，所以单独列为一类。

（6）结构的处理特别是对于链表的处理是 C 语言学习中的重点与难点。

（7）其他类题目包括文件处理、一些典型的包含编程经验与技巧的题目，供读者学习。

本章中的题目仍统一编号，但是按类别给出二级标题。

1. 基本运算题

【4.1】编写程序，从键盘输入自变量 x，计算下列算式的值，直到某一项 A <= 0.000 001 时为止。输出最后 C 的值。

$$C = 1 + \frac{1}{x^1} + \frac{1}{x^2} + \frac{1}{x^3} + \frac{1}{x^4} \cdots \qquad (x > 1)$$

【4.2】编写程序，计算并输出 C。

$$C = \sum_{k=1}^{100} k + \sum_{k=1}^{50} k * k + \sum_{k=1}^{10} \frac{1}{k}$$

【4.3】编写程序，计算并输出下列序列的值。要求最后一项小于 0.001 时或者当 N = 20 时，则停止计算。

$$1 + \frac{1}{1 \times 2} + \frac{1}{2 \times 3} + \frac{1}{3 \times 4} + \frac{1}{4 \times 5} + \cdots + \frac{1}{N \times (N+1)}$$

【4.4】编写程序，从键盘输入自变量 x，计算并输出下述级数和的近似值。要求其误差小于某一指定的值 epsilon（如 epsilon = 0.000 001）。

$$x - \frac{x^3}{3 \times 1!} + \frac{x^5}{5 \times 2!} + \frac{x^7}{7 \times 3!} + \cdots$$

【4.5】已知求正弦 sin(x) 的近似值的多项式公式为：

$$\sin(x) = x - \frac{x^3}{3!} + \frac{x^5}{5!} - \frac{x^7}{7!} + \cdots + (-1)^n \frac{x^{2n+1}}{(2n+1)!} + \cdots$$

编写程序，要求输入 x 和 ε，按上述公式计算 sin(x) 的近似值，要求计算的误差小于给定的 ε。

【4.6】编制一个计算并输出函数 y = f(x) 的值的程序，其中：

$$y = \begin{cases} -x + 2.5 & 0 <= x < 2 \\ 2 - 1.5(x-3) \times (x-3) & 2 <= x < 4 \\ x/2 - 1.5 & 4 <= x < 6 \end{cases}$$

【4.7】编写程序，输入三角形的 3 条边长，计算并输出其面积。注意：对于输入的不合理的边长要输出数据错误的提示信息。

【4.8】编写程序，输入年份（year）和月（month），求该月有多少天。判断是否为闰年，可用如下 C 语言表达式“year%4 == 0 && year%100 != 0 || year%400 == 0”。若表达式成立（即表达式值为 1），则 year 为闰年；否则，表达式不成立（即值为 0），year 为平年。

【4.9】从键盘输入任意的字符，按下列规则进行分类计数。

第一类　'0','1','2','3','4','5','6','7','8','9'

第二类　'+','-','*','/','%','='

第三类　其他字符

当输入字符'\'时先计数，然后停止接收输入，打印计数的结果。

【4.10】编写一个简单计算器程序，输入格式为：data1　op　data2。其中 data1 和 data2 是参加运算的两个数，op 为运算符，它的取值只能是 +、-、*、/。

【4.11】编写程序，实现比较两个分数的大小。

【4.12】编写程序，输入一个大于1 000 的整数，求出其约数中最大的三位数是多少。

【4.13】编写程序，求矩阵 **A**[2×3]的转置矩阵 **B**[3×2]。例如,矩阵 **A** 为:

$$\boldsymbol{A}=\begin{bmatrix}1 & 2 & 3\\ 4 & 5 & 6\end{bmatrix}$$

则其转置矩阵 **B** 为:

$$\boldsymbol{B}=\begin{bmatrix}1 & 4\\ 2 & 5\\ 3 & 6\end{bmatrix}$$

【4.14】输入 5×5 的数组,编写程序实现:

(1)求出对角线上各元素的和;

(2)求出对角线上行、列下标均为偶数的各元素的积;

(3)找出对角线上其值最大的元素和它在数组中的位置。

【4.15】找出一个二维数组中的鞍点,即该位置上的元素是该行上的最大值,是该列上的最小值。二维数组也可能没有鞍点。

【4.16】10 个小孩围成一圈分糖果。老师开始分给小孩的糖果是不一样的,为了保证每个小孩的糖果一样多,老师让所有的小孩同时将自己手中的糖分一半给右边的小孩;糖块数为奇数的人可向老师要一块。经过这样几次调整后大家手中的糖的块数都一样了。编写程序,输入小孩最开始时手中的糖果数,输出调整的次数,以及每人各有多少块糖?

【4.17】编写程序,输入 N 个整数保存在数组 a[2][N]的第一行,对 N 个整数按照从小到大的顺序进行编号,保存在数组的第二行,相同的整数要具有相同的编号。输出整数及编号。

【4.18】编写程序,以字符形式输入一个十六进制数,将其变换为一个十进制整数后输出。

【4.19】编写程序,输入一个十进制整数,将其变换为二进制后储存在一个字符数组中,输出该二进制数。

【4.20】两个整型变量分别保存两个整数,不使用临时变量,交换整型变量中保存的整数,输出交换的结果。

【4.21】请验证 2 000 以内的哥德巴赫猜想,即对于任何大于 4 的偶数均可以分解为两个素数之和。

【4.22】使用数组完成两个超长(长度小于 100)正整数的加法。

为了实现高精度的加法,可将正整数 M 存放在有 N(N>1)个元素的一维数组中,数组的每个元素存放一位十进制数,即个位存放在第一个元素中,十位存放在第二个元素中……依次类推。这样通过对数组中每个元素的按位加法就可实现对超长正整数的加法。

【4.23】使用数组完成两个超长(长度小于 100)正整数的乘法。

【4.24】使用数组精确计算 M/N(0<M<N<=100)的各小数位的值。如果 M/N 是无限循环小数,则计算并输出它的第一循环节,同时要求输出循环节的起止位置(小数的序号)。

为了实现高精度计算结果,可将商 M 存放在有 N(N>1)个元素的一维数组中,数组的每个元素存放一位十进制数,即商的第一位存放在第一个元素中,商的第二位存放在第二个元素中……依次类推。这样可使用数组来表示计算的结果。

【4.25】编写程序,输出1 000以内的所有完数及其因子。所谓完数是指一个整数的值等于它的因子之和,如6的因子是1、2、3,而6 =1 +2 +3,故6是一个完数。

【4.26】编写程序,读入一个整数N;若N为非负数,则计算N到2×N之间的整数和;若N为一个负数,则求2×N到N之间的整数和。分别利用for和while写出两个程序。

【4.27】编写程序,用二分法求一元二次方程 $2x^3 -4x^2 +3x -6 =0$ 在(10,10)区间的根。

【4.28】中国古代科学家祖冲之采用正多边形逼近的割圆法求出了π的值。编写程序,采用割圆法求出π的值,要求精确到小数点之后的第十位。

## 2. 输出图形题

【4.29】输入n值,输出如图3.4所示矩形。

```
* * * * * *
* * * * * *
* * * * * *
* * * * * *
* * * * * *
* * * * * *
```

图3.4　n =6时的矩形

【4.30】输入n值,输出如图3.5所示平行四边形。

```
          * * * * * *
        * * * * * *
      * * * * * *
    * * * * * *
  * * * * * *
* * * * * *
```

图3.5　n =6时的平行四边形

【4.31】输入n值,输出如图3.6所示高为n的等腰三角形。

```
          *
        * * *
      * * * * *
    * * * * * * *
  * * * * * * * * *
* * * * * * * * * * *
```

图3.6　n =6时的等腰三角形

【4.32】输入 n 值,输出如图 3.7 所示高为 n 的等腰三角形。

```
* * * * * * * * * * *
  * * * * * * * * *
    * * * * * * *
      * * * * *
        * * *
          *
```

图 3.7　n = 6 时的倒等腰三角形

【4.33】输入 n 值,输出如图 3.8 所示高和上底均为 n 的等腰梯形。

```
        * * * * *
      * * * * * * *
    * * * * * * * * *
  * * * * * * * * * * *
* * * * * * * * * * * * *
```

图 3.8　n = 5 时的等腰梯形

【4.34】输入 n 值,输出如图 3.9 所示高为 n 的空心三角形。

```
        *
      *   *
    *       *
  *           *
* * * * * * * * *
```

图 3.9　n = 5 时的空心三角形

【4.35】输入 n 值,输出如图 3.10 所示图形。

```
*       *
 *     *
  *   *
   * *
    *
   * *
  *   *
 *     *
*       *
```

图 3.10　n = 5 时的 X 形

【4.36】输入 n 值,输出如图 3.11 所示图形。

```
*   *
* *
*
* *
*   *
```

图 3.11　n = 3 时的 K 形

【4.37】输入顶行字符和图形的高,输出如图3.12所示图形。

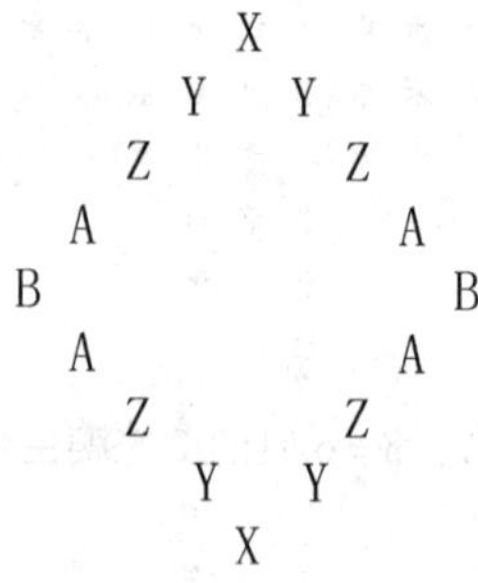

图3.12　顶行字符为'X'、高为5的菱形

【4.38】编写程序,输出如图3.13所示高度为n的图形。

```
 1   2   3   4   5   6
 7   8   9  10  11  12
13  14  15  16  17  18
19  20  21  22  23  24
25  26  27  28  29  30
31  32  33  34  35  36
```

图3.13　n=6时的数字正方形

【4.39】输入n值,输出如图3.14所示图形。

```
1 1 1 1 1
1 2 2 2 2
1 2 3 3 3
1 2 3 4 4
1 2 3 4 5
```

图3.14　n=5时的数字矩形

【4.40】输入n值,输出如图3.15所示图形。

```
1 2 3 4 5
1 2 3 4 4
1 2 3 3 3
1 2 2 2 2
1 1 1 1 1
```

图3.15　n=5时的数字矩形

【4.41】输入n值,输出如图3.16所示回型方阵。

当n=5时：

| | | | | |
|---|---|---|---|---|
| 1 | 1 | 1 | 1 | 1 |
| 1 | 2 | 2 | 2 | 1 |
| 1 | 2 | 3 | 2 | 1 |
| 1 | 2 | 2 | 2 | 1 |
| 1 | 1 | 1 | 1 | 1 |

当n=6时：

| | | | | | |
|---|---|---|---|---|---|
| 1 | 1 | 1 | 1 | 1 | 1 |
| 1 | 2 | 2 | 2 | 2 | 1 |
| 1 | 2 | 3 | 3 | 2 | 1 |
| 1 | 2 | 3 | 3 | 2 | 1 |
| 1 | 2 | 2 | 2 | 2 | 1 |
| 1 | 1 | 1 | 1 | 1 | 1 |

图 3.16 回形方阵

【4.42】输入首字符和高后，输出如图 3.17 所示由英文大写字母组成的回型方阵。

```
D D D D D
D C C C D
D C B C D
D C C C D
D D D D D
```

图 3.17 首字符为'D'、高为 5 的方阵

【4.43】输入 n 值，输出如图 3.18 所示的 n×n(n<10)的螺旋方阵。

```
 1  2  3  4  5
16 17 18 19  6
15 24 25 20  7
14 23 22 21  8
13 12 11 10  9
```

图 3.18 n=5 时的螺旋方阵

【4.44】编写程序，输出如图 3.19 所示高度为 n 的图形。

```
1   3   6  10  15  21
2   5   9  14  20
4   8  13  19
7  12  18
11 17
16
```

图 3.19 n=6 时的数字倒三角

【4.45】输出如图 3.20 所示的数字金字塔。

```
                1
              1 2 1
            1 2 3 2 1
          1 2 3 4 3 2 1
        1 2 3 4 5 4 3 2 1
      1 2 3 4 5 6 5 4 3 2 1
    1 2 3 4 5 6 7 6 5 4 3 2 1
  1 2 3 4 5 6 7 8 7 6 5 4 3 2 1
1 2 3 4 5 6 7 8 9 8 7 6 5 4 3 2 1
```

图 3.20　n = 9 时的数字金字塔

【4.46】编写程序,输出如图 3.21 所示上三角形式的乘法九九表。

```
 1   2   3   4   5   6   7   8   9
-----------------------------------
 1   2   3   4   5   6   7   8   9
     4   6   8  10  12  14  16  18
         9  12  15  18  21  24  27
            16  20  24  28  32  36
                25  30  35  40  45
                    36  42  48  54
                        49  56  63
                            64  72
                                81
```

图 3.21　上三角乘法九九表

【4.47】编写程序,输出如图 3.22 所示 sin(x) 函数 0 到 2π 的图形。

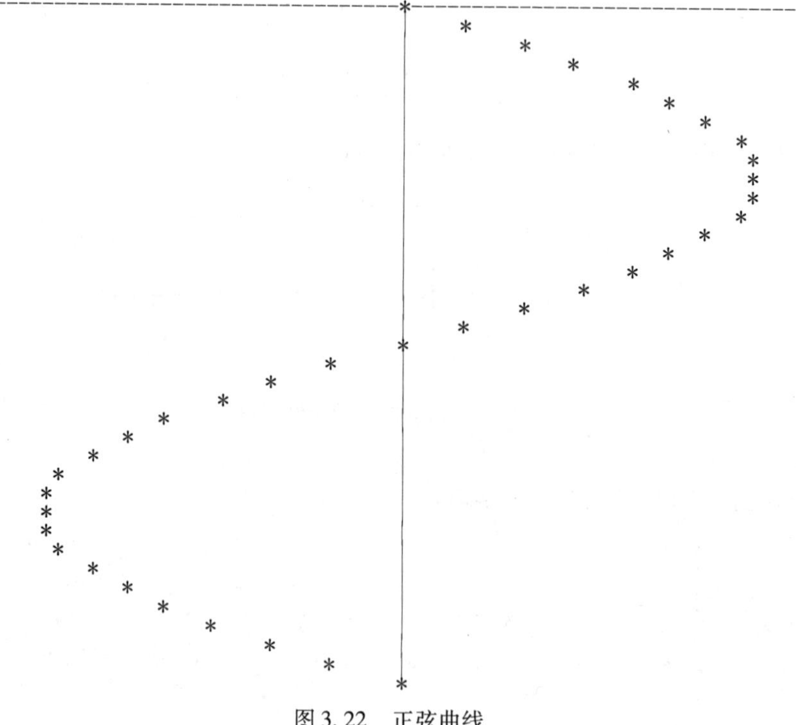

图 3.22　正弦曲线

【4.48】 编写程序，在屏幕上输出一个如图 3.23 所示的由 * 号围成的空心圆。

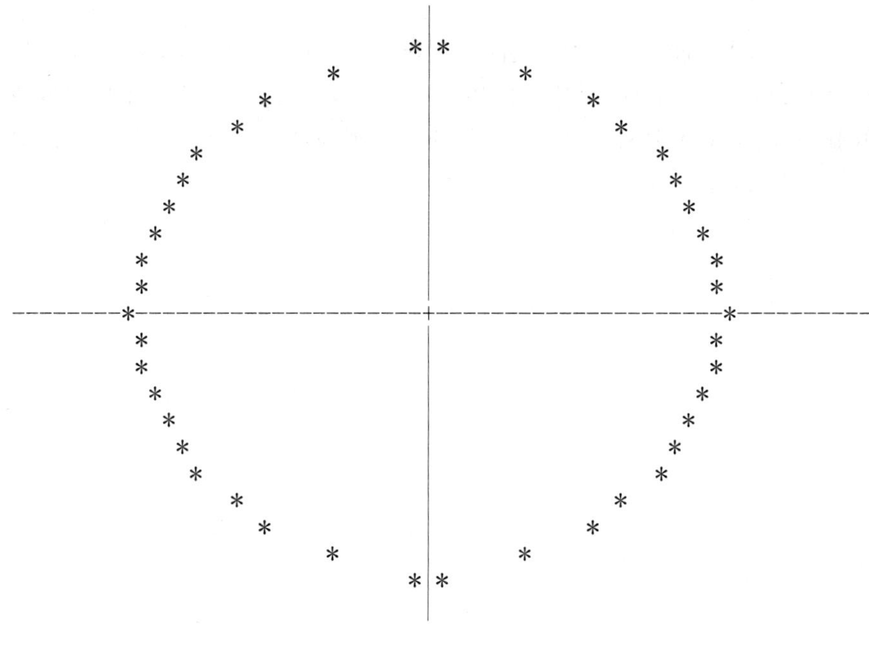

图 3.23 空心圆形

【4.49】 编写程序，在屏幕上绘制如图 3.24 所示的余弦曲线和直线。若屏幕的横向为 x 轴，纵向为 y 轴，在屏幕上显示 0～360°的 cos(x)曲线与直线 $x=f(y)=45\times(y-1)+31$ 的叠加图形。其中 cos 图形用“ * ”表示，f(y)用“ + ”表示，在两个图形的交点处则用 f(y)图形的符号。

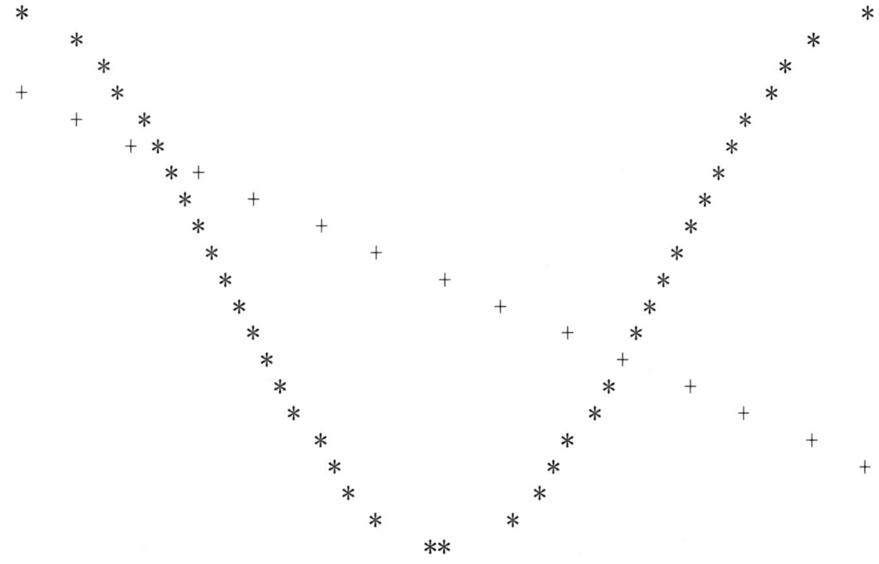

图 3.24 余弦曲线和直线

### 3. 基本算法题

【4.50】一辆卡车违犯交通规则，撞人逃跑。现场3人目击事件，但都没记住车号，只记下车号的一些特征。甲说：牌照的前两位数字是相同的；乙说：牌照的后两位数字是相同的；丙是位数学家，他说：四位的车号刚好是一个整数的平方。请根据以上线索编写程序求出车号。

【4.51】100匹马驮100担货，大马一匹驮3担，中马一匹驮2担，小马两匹驮1担。编写程序计算大、中、小马的数目。

【4.52】若一个口袋中放有12个球，其中有3个红的、3个白的和6个黑的，每次从中任取8个球，编写程序求出共有多少种不同的颜色搭配。

【4.53】A、B、C、D、E 5人在某天夜里合伙去捕鱼，到第二天凌晨时都疲惫不堪，于是各自找地方睡觉。日上三竿，A第一个醒来，他将鱼分为5份，把多余的一条鱼扔掉，拿走自己的一份。B第二个醒来，也将鱼分为5份，把多余的一条鱼扔掉，拿走自己的一份。C、D、E依次醒来，也按同样的方法拿鱼。编写程序求出他们合伙至少捕了多少条鱼。

【4.54】编写程序，输出用1元人民币兑换成1分、2分和5分硬币的不同兑换方法。

【4.55】编写程序求出200以内的完全平方数和它们的个数。所谓完全平方数，即3个数满足下述关系：$A^2+B^2=C^2$，则A、B、C是完全平方数。

【4.56】设N是一个四位数，它的9倍恰好是其反序数（如123的反序数是321），编写程序求N的值。

【4.57】将一个数的数码倒过来所得到的新数叫原数的反序数。如果一个数等于它的反序数，则称它为对称数。编写程序求不超过2 012的最大的二进制的对称数。

【4.58】一个自然数的七进制表达式是一个三位数，而这个自然数的九进制表示也是一个三位数，且这两个三位数的数码顺序正好相反，求这个三位数。

【4.59】编写程序求解下式中各字母所代表的数字。

$$\begin{array}{r} \text{PEAR} \\ -\ \text{ARA} \\ \hline \text{PEA} \end{array}$$

【4.60】编写程序求解爱因斯坦数学题。有一条长阶梯，若每步跨2阶，则最后剩余1阶，若每步跨3阶，则最后剩2阶，若每步跨5阶，则最后剩4阶，若每步跨6阶则最后剩5阶，若每步跨7阶，最后才正好一阶不剩。请问，这条阶梯共有多少阶?

【4.61】一个自然数被8除余1，所得的商被8除也余1，再将第二次的商被8除后余7，最后得到一个商为a。又知这个自然数被17除余4，所得的商被17除余15，最后得到一个商是a的2倍。编写程序求这个自然数。

【4.62】如果一个正整数等于其各个数字的立方和，则称该数为阿姆斯特朗数（亦称为自恋性数）。如$407=4^3+0^3+7^3$就是一个阿姆斯特朗数。编写程序求1 000以内的所有阿姆斯特朗数。

【4.63】如果整数A的全部因子（包括1，不包括A本身）之和等于B；且整数B的全部因

子（包括1，不包括B本身）之和等于A，则将整数A和B称为亲密数。编写程序求3 000以内的全部亲密数。

【4.64】编写程序求这样一个三位数，该三位数等于其每位数字的阶乘之和。

即：abc = a！ + b！ + c！

【4.65】已知两个平方三位数abc和xyz，其中数码a、b、c、x、y、z未必是不同的；而ax、by、cz是3个平方二位数。编写程序，求三位数abc和xyz。任取两个平方三位数n和$n_1$，将n从高向低分解为a、b、c，将$n_1$从高到低分解为x、y、z。判断ax、by、cz是否均为完全平方数。

【4.66】将数字1、2、3、4、5、6填入一个2行3列的表格中，要使得每一列右边的数字比左边的数字大，每一行下面的数字比上面的数字大。编写程序求出按此要求可有几种填写方法？

【4.67】编写程序使用选择法对输入的N个整数按升序进行排序，将排序后的结果输出。

【4.68】编写程序使用冒泡法对输入的n个整数按升序进行排序，将排序后的结果输出。

【4.69】编写程序从键盘输入10个整数，用插入法对输入的数据按照升序进行排序，将排序后的结果输出。

【4.70】编写程序对保存在整型数组的整数，按照从大到小的顺序后输出，不可改变整型数组中元素原来的位置。

【4.71】编写函数，将两个已经按照升序保存的整型数组，合并为一个新的仍按升序保存的数组中，且相同的数据不重复保存。

【4.72】编写程序求出1 000！后有多少个零。

【4.73】现将不超过2 000的所有素数从小到大排成第一行，第二行上的每个数都等于它“右肩”上的素数与“左肩”上的素数之差。请编程求出：第二行数中是否存在这样的若干个连续的整数，它们的和恰好是1 898？假如存在的话，又有几种这样的情况？

第一行：2　3　5　7　11　13　17　...　1 979　1 987　1 993

第二行：　1　2　2　4　2　4　...　8　6

【4.74】将1、2、3、4、5、6、7、8、9这9个数字分成3组，每个数字只能用一次，即每组3个数不许有重复数字，也不许同其他组的3个数字重复，要求将每组中的3个数组成一个完全平方数。

### 4. 递归算法题

【4.75】输入一个正整数，编写程序用递归方法以相反的顺序输出该数。例如，输入“12345”，输出为“54321”。

【4.76】编写程序，用递归方法计算n的阶乘。

【4.77】编写程序，用递归方法计算下列函数的第n项的值：

$$px(x,n) = x - x^2 + x^3 - x^4 + \cdots + (-1)^{n-1}x^n \qquad (n>0)$$

【4.78】编写程序，用递归方法将以字符形式输入一个十六进制数，变换为一个十进制整数后输出。

【4.79】已知计算x的n阶勒让德多项式值的公式如下：

$$P_n(x)=\begin{cases}1 & (n=0)\\ x & (n=1)\\ ((2n-1)\times x\times P_{n-1}(x)-(n-1)\times P_{n-2}(x))/n & (n>1)\end{cases}$$

输入 x、n 值，请编写递归函数求上述函数值。

【4.80】编写函数，采用递归方法实现将输入的字符串按反序保存并输出。

【4.81】编写函数，采用递归方法在屏幕上显示如图 3.25 所示的杨辉三角形：

图 3.25　杨辉三角形

【4.82】输入 n 值，采用递归方法输出如图 3.26 所示的 n×n（n<10）阶螺旋方阵。

```
 1   2   3   4   5
16  17  18  19   6
15  24  25  20   7
14  23  22  21   8
13  12  11  10   9
```

图 3.26　n=5 时的螺旋方阵

【4.83】编写函数，采用递归方法将任一无符号整数转换为二进制形式。

【4.84】设有字母 a、b、c，请编程用递归的方法产生由这些字母组成的，且长度为 n 的所有可能的字符串。例如，输入 n=2，则输出：

aa　ab　ac　ba　bb　bc　ca　cb　cc

【4.85】将一个数的数码倒过来所得到的新数，叫作原数的反序数，如果一个数等于它的反序数，则称它为对称数。编写程序，采用递归算法求不超过 1 993 的最大的二进制的对称数。

【4.86】从 1 到 n（n<1 000）个自然数中选出 r 个数进行组合，并按指定的格式输出组合的结果。例如：n=5、r=3 时，共有 10 种组合，运行程序，要按下面的格式输出：

```
1 2 3
    4
    5
  3 4
    5
  4 5
```

```
2 3 4
    5
  4 5
3 4 5
```

请用递归算法实现。

【4.87】编写程序，读入一个以符号“.”结束的长度小于20字节的英文句子，使用递归算法检查其是否为回文（即正读和反读都是一样的，不考虑空格和标点符号）。例如：
读入句子“MADAM I'M ADAM”，它是回文，所以输出“YES”；
读入句子“ABCDBA”，它不是回文，所以输出“NO”。

【4.88】使用递归算法判断一个十进制数是否是对称数。是对称数则输出“YES”，否则输出“NO”。

【4.89】编写程序使用快速排序法对输入的整数进行排序。

【4.90】编写程序求解汉诺塔问题。

### 5. 字符串处理题

【4.91】编写字符串拷贝程序。

【4.92】编写求字符串长度的程序。

【4.93】编写程序，将一个字符串接在另一个字符串后边。

【4.94】编写程序，从第k个字符开始，删除给定字符串的m个字符。

【4.95】编写程序，输入一个按降序排列且无相同字符的字符串，再输入另外一个字符串，将第二个字符串插入到第一个字符串中，插入后的字符串仍按降序排列且无重复的字符。

【4.96】编写程序，对从键盘上输入的行数、单词数和字符数进行统计。

我们将单词的定义进行化简，认为单词是不包含空格、制表符（\t）及换行符的可见字符序列。例如：“a+b+c”，认为是1个单词，它由5个字符组成。又如：“xy abc”，为2个单词，6个字符。

一般用［CTRL+Z］作为文件结束标记，其字符码值为-1，当输入［CTRL+Z］时表示文件输入结束，停止计数。

【4.97】编写程序，输入一个主字符串和一个子字符串，统计主字符串中包含的连续给定的子字符串的个数；当子字符串在主字符串中多次连续出现时，输出最大的连续次数。例如，主字符串“EFABCABCABCDABCDD”，子字符串“ABC”，输出是3。

【4.98】编写程序，对输入的N个字符串进行降序排序后再输出。

【4.99】编写程序将输入的两行字符串连接后，将串中全部空格移到串尾后输出。

### 6. 结构题

【4.100】利用结构：

```
struct complx
{   int real;
    int im;
};
```

编写求两个复数之积的函数 cmult，并利用该函数求下列复数之积：

(1) (3+4i) × (5+6i)　　　　(2) (10+20i) × (30+40i)

【4.101】编写成绩排序程序。已知结构定义如下：

```
struct student
{
    int no;      /* 学号 */
    int mk;      /* 成绩 */
};
```

按学生的序号输入学生的成绩，按照分数由高到低的顺序输出学生的名次、该名次的分数、相同名次的人数和学号；同名次的学号输出在同一行中，一行最多输出 10 个学号。

【4.102】编写程序，屏幕显示实际输入的时间 1 秒后的时间。显示格式为 HH：MM：SS。程序需要处理以下 3 种特殊情况：

(1) 若秒数加 1 后为 60，则秒数恢复到 0，分钟数增加 1；

(2) 若分钟数加 1 后为 60，则分钟数恢复到 0，小时数增加 1；

(3) 若小时数加 1 后为 24，则小时数恢复到 0。

【4.103】按照年/月/日的格式输入今天的日期，然后按照月/日/年的格式输出该日期。

【4.104】编写简单的密码加密程序。

加密过程是先定义一张字母加密对照表。将需要加密的文字输入加密程序，程序根据加密表中的对应关系，将输入的文字加密输出。对加密表中未出现的字符则不加密。加密表如下：

输入：a b c d e i k ; w

输出：d w k ; i a b c e

【4.105】编写程序，输入 10 本书的名称和单价，按照单价排序后输出。

【4.106】编写程序，输入字符串，分别统计字符串中所包含的各个不同的字符及其各自字符的数量。例如，输入字符串“abcedabcdcd”，则输出“a=2　b=2　c=3　d=3　e=1”。

【4.107】编写一个模拟人工洗牌的程序。

使用结构 card 来描述一张牌，用随机函数来模拟人工洗牌的过程，最后将洗好的 52 张牌顺序分别发给 4 个人。

【4.108】编写函数，将一个带有头结点的单向链表按照值域升序的方式排序。

结构的定义：

```
typedef struct node
{
    int num;
    struct node *next;
} SNODE;
```

函数的原型：SNODE *sortnode (SNODE *head);

其中参数 head 是单向链表的头指针。

【4.109】编写函数，将一个带有头结点的单向链表，按照原来结点顺序倒置连接。结构定义如上题，函数原型如下：

函数的原型：SNODE *overnode(SNODE *head)；

其中参数 head 是单向链表的头指针。

【4.110】编写函数，将一个带有头结点的环形链表，根据给定的结点处，拆分为两个环形链表。结构定义如 4.108 题，函数原型如下：

函数的原型：SNODE *splitlist(SNODE *head,int n)；

其中参数 head 是单向链表的头指针，参数 n 指链表的第 n 个结点，拆分后此结点属于第二个链表，函数返回第二个环形链表的头指针。

【4.111】编写函数，将一个带有头结点的新的单向链表，插入到一个按数值域值降序排列的单向链表中，并使该链表仍保持降序排列。结构定义如 4.108 题，函数原型如下：

函数的原型：SNODE *splitlist(SNODE *heada,SNODE *headb)；

其中参数 heada 是排好序的链表的头指针，参数 headb 是待插入的新链表的头指针。

【4.112】N 个小孩围成一圈，从第 M 个小孩开始循环报数（从 1 开始报），每报到 R 时这个人出列，然后接着从下一个人开始报数，同样报到 R 的人出列，直到全部小孩出列。编写程序求最后一个出列的小孩，每一个小孩为一个结点。

### 7. 其他题

【4.113】编写程序，从键盘输入 3 个学生的数据，将它们存入文件 student；然后再从文件中读出数据，显示在屏幕上。

【4.114】编写程序，从键盘输入一行字符串，将其中的小写字母全部转换成大写字母，然后输出到一个磁盘文件“test”中保存。

【4.115】编写程序，读入磁盘上 C 语言源程序文件“test8. c”，删去程序中的注释后，在屏幕上显示出来。

【4.116】猜数游戏。由计算机“想”一个数请人猜，如果人猜对了，则结束游戏，否则计算机给出提示，告诉人所猜的数是太大还是太小，直到人猜对为止。计算机记录人猜的次数，以此可以反映出猜数者“猜”的水平。

【4.117】魔术师的猜牌术：魔术师有 13 张黑桃，牌面朝下。他数到 1 时最上面的牌为 A，把它放桌上；第二次数 1、2，将第一张牌放在这叠牌的下面，将第二张牌翻过来，正好是黑桃 2……问魔术师手中的牌原始次序是怎样安排的？

编写程序模拟魔术师的洗牌过程。

【4.118】马步遍历问题：已知国际象棋棋盘有 8×8 共 64 个格子。设计一个程序，使棋子从某位置开始跳马，能够把棋盘上的格子走遍。每个格子只允许走一次。

【4.119】八皇后问题：在一个 8×8 的国际象棋盘，有 8 个皇后，每个皇后占一格；要求棋盘上放上 8 个皇后时不会出现相互“攻击”的现象，即不能有两个皇后在同一行、列或对角线上。问共有多少种不同的方法。

## 【编写程序题参考答案】

【4.1】参考答案:

```
#define E 0.000001
#include <stdio.h>
main( )
{
    float x,y=1,s=0;
    printf("\nPlease enter x=");
    scanf("%f",&x);
    while(1/y>E)
    {
        s=s+1/y;
        y=y*x;
    }
    printf("S=%f\n",s);
}
```

【4.2】参考答案:

```
#include <stdio.h>
main( )
{
    int i;
    float s=0;
    for( i=1;i<=100;i++)
        s=s+i;
    for(i=1;i<=50;i++)
        s=s+i*i;
    for(i=1;i<=10;i++)
        s=s+1.0/i;
    printf("Result=%f\n",s);
}
```

【4.3】参考答案:

```
#include <stdio.h>
main()
{
    int i;
    float s=1;
    for(i=1;i<=20 && 1.0/i/(i+1)>0.001;i++)
```

```
        s = s + 1.0/i/(i + 1);
    printf("Result = %f   i = %d\n",s,i);
}
```

【4.4】参考答案:

```
#define E 0.000001
#include <stdio.h>
#include <math.h>
main( )
{
    int i = 1,k = 1;
    float x,s,y,t = 1,r;
    printf("\nPlease enter x =");
    scanf("%f",&x);
    y = x;
    s = x;
    while( 1 )
    {
        y = y *x *x;
        t = t * i;
        k = k * ( -1);
        r = k *y/(2 * i + 1)/t;
        if(fabs(r) < E)
            break;
        s = s + r;
        i++ ;
    }
    printf("S = %f\n",s);
}
```

【4.5】参考答案:

```
#include <stdio.h>
#include <math.h>
main()
{
    float x,eps,s,y = 0,y0,t;
    int n,j;
    printf("Enter x & eps:");
    scanf("%f%f",&x,&eps);
    n = t = j = 1;
    s = x;
```

```
    do
    {
        y0 = y;
        if(n%2 ==0)
            y = y - s/t;
        else
            y = y + s/t;
        s * = x *x;                                    /* 求x的乘方 */
        t * = (j +1) * (j +2);                         /* 求n! */
        j += 2;
        n ++;
    } while(fabs(y0 - y)  >  eps);                     /* 控制误差 */
    printf("sin(%f) =%f\n",x,sin(x));                  /* 输出标准sin(x)的值 */
    printf("%d,sin(%f) =%f\n",n,x,y);                  /* 输出计算的近似值 */
}
```

【4.6】参考答案:

```
#include  <stdio.h>
double findy(float x)
{
    if(x >=0 && x <2)
        return(2.5 - x);
    else if(x >=2 && x <4)
        return(2 - 1.5 * (x - 3) * (x - 3));
    else if(x >=4 && x <6)
        return(x/2.0 - 1.5);
}
main()
{
    float x;
    printf("\nPlease enter x:");
    scanf("%f",&x);
    if(x >=0 && x <6)
        printf("f(x) = %f\n",findy(x));
    else
        printf("x is out! \n");
}
```

【4.7】参考答案:

```
#include  <stdio.h>
#include "math.h"
```

```
main( )
{
    int flag;
    float a,b,c,s;
    do
      {
        flag = 0;
        printf("\nPlease enter a b c:");
        scanf("%f%f%f",&a,&b,&c);
        if(a > b + c || b > a + c || c > a + b)
        {
            printf("The dat are error! \n");
            flag = 1;
        }
      } while(flag);
      s = (a + b + c)/2;
      printf("S = %f",s = sqrt((s - a) * (s - b) * (s - c)));
}
```

【4.8】参考答案：

```
#include <stdio.h>
main( )
{
    int year,month,days;
    printf("Enter year and month:");
    scanf("%d%d",&year,&month);
    switch(month)
    {
        case 1:case 3:case 5:case 7:case 8:case 10:case 12:
                days = 31;  break;                              /* 处理"大"月 */
        case 4:case 6:  case 9:  case 11:
                days = 30;  break;                              /* 处理"小"月 */
        case 2:if (year%4 == 0 && year%100 != 0 || year%400 == 0)
                  days = 29;                                    /* 处理闰年平月 */
                else  days = 28;                                /* 处理不是闰年平月 */
                break;
        default:printf("Input error! \n");                      /* 月份错误 */
                days = 0;
    }
    if (  days != 0  )
```

```
    printf("%d,%d is %d days\n",year,month,days);
}
```

【4.9】参考答案:

```
#include <stdio.h>
main( )
{
    int class1,class2,class3;
    char ch;
    class1 = class2 = class3 = 0;                    /* 初始化分类计数器 */
    do
    {
        ch = getchar( );
        switch(ch)
        {
            case '0':case '1':case '2':case '3':case '4':
            case '5':case '6':case '7':case '8':case '9':
                    class1++; break;                 /* 对分类 1 计数 */
            case '+':case '-':case '*':case '/':case '%':case '=':
                    class2 ++; break;                /* 对分类 2 计数 */
            default: class3 ++; break;               /* 对分类 3 计数 */
        }
    }while(ch!= '\\');               /* 字符'\'在 C 程序中要使用转义符'\\' */
    printf("class1 = %d, class2 = %d, class3 = %d\n",class1,class2,class3);
}
```

【4.10】参考答案:

```
#include <stdio.h>
main( )
{
    float data1,data2;                               /* 定义两个操作数变量 */
    char op;                                         /* 操作符 */
    printf("Enter your expression:");
    scanf("%f%c%f",&data1,&op,&data2);               /* 输入表达式 */
    switch(op)                                       /* 根据操作符分别进行处理 */
    {
        case '+':                                    /* 处理加法 */
            printf("%.2f + %.2f = %.2f\n",data1,data2,data1 + data2); break;
        case '-':                                    /* 处理减法 */
            printf("%.2f - %.2f = %.2f\n",data1,data2,data1 - data2); break;
        case '*':                                    /* 处理乘法 */
```

```
            printf("%.2f * %.2f = %.2f\n",data1,data2,data1 * data2);   break;
        case '/':                                            /* 处理除法 */
            if( data2 == 0 )                                 /* 若除数为0 */
              printf("Division by zero.\n");
            else
              printf("%.2f/%.2f = %.2f\n",data1,data2,data1/data2);
            break;
        default:                                             /* 输入了其他运算符 */
          printf("Unknown operater.\n");
    }
}
```

【4.11】注释:此程序采用模拟手工方式,对分数进行通分后比较分子的大小。

参考答案:

```
#include <stdio.h>
main( )
{
    int i,j,k,l,m,n;
    printf("Input two FENSHU:A/B,C/D\n");
    scanf("%d/%d,%d/%d",&i,&j,&k,&l);                 /* 输入两个分数 */
    m = zxgb(j,l)/j * i;                               /* 求出第一个分数通分后的分子 */
    n = zxgb(j,l)/l * k;                               /* 求出第二个分数通分后的分子 */
    if(m > n )
        printf("%d/%d  >  %d/%d\n",i,j,k,l);            /* 比较分子的大小 */
    else if(m == n)
        printf("%d/%d  =  %d/%d\n",i,j,k,l);            /* 输出比较的结果 */
    else
        printf("%d/%d  <  %d/%d\n",i,j,k,l);
}

zxgb(a,b)
int a,b;
{
    long int c;
    int d;
    if(a < b)
        c = a,a = b,b = c;                             /* 若a<b,则交换两变量的内容 */
    for( c = a * b; b!=0; )                            /* 用辗转相除法求a和b的最大公约数 */
    {
        d = b;
```

```
        b = a% b;
        a = d;
    }
    return( (int)  c/a);                              /* 返回最小公倍数 */
}
```

【4.12】参考答案:

```
#include  < stdio. h >
main( )
{
    int  j;
    long  n;                        /* 使用长整型变量,以免超出整数的表示范围 */
    printf("\nPlease  input  number:");
    scanf("% ld",&n);
    for(j = 999;j >= 100;j -- )      /* 可能取值范围在 999 到 100 之间,j 从大到小 */
        if(n% j  ==  0  )                  /* 若能够整除 j,则 j 是约数,输出结果 */
        {   printf("The  max  factor  with  3  digits  in  % ld  is:% d. \n",n,j);
            break;                                            /* 控制退出循环 */
        }
}
```

【4.13】参考答案:

```
#include  < stdio. h >
main( )
{
    int  i,j,a[2][3],b[3][2];
    for( i = 0;i < 2;i++ )
        for( j = 0;j < 3;j++ )
            scanf("% d",&a[i][j]);
    printf("Matrix  A:\n");
    for( i = 0;i < 2;i++ )
    {
        for( j = 0;j < 3;j++ )
            printf("% d  ",a[i][j]);
        printf("\n");
    }
    for( i = 0;i <= 1;i++ )
        for( j = 0;j <= 2;j++ )
          b[j][i] = a[i][j];
    printf("Matrix  B:\n");
    for( i = 0;i <= 2;i++ )
```

```
    {
      for(j=0;j<=1;j++)
        printf("%d ",b[i][j]);
      printf("\n");
    }
}
```

【4.14】参考答案:

```
#include <stdio.h>
main()
{
    int i,j,s1=0,s2=1,a[5][5];
    for(i=0;i<5;i++)
      for(j=0;j<5;j++)
      {  printf("%d %d:",i,j);
         scanf("%d",&a[i][j]);
      }
    for(i=0;i<5;i++)
    {  for(j=0;j<5;j++)
        printf("%5d",a[i][j]);
       printf("\n");
    }
    j=0;
    for(i=0;i<5;i++)
    {  s1=s1+a[i][i];
       if(i%2==0)
         s2=s2*a[i][i];
       if(a[i][i]>a[j][j])
         j=i;
    }
    printf("SUN=%d\nACCOM=%d\na[%d][%d]=%d\n",s1,s2,i,j,a[j][j]);
}
```

【4.15】参考答案:

```
#include <stdio.h>
main()
{
    int i,j,l,n,m,k,a[20][20];
    printf("\nPlease enter n,m=");
    scanf("%d,%d",&n,&m);
    for(i=0;i<n;i++)
```

```
        for(j=0;j<m;j++)
        {
            printf("a[%d][%d]=",i,j);
            scanf("%d",&a[i][j]);
        }
    for(i=0;i<n;i++)
    {
        for(j=0;j<m;j++)
            printf("%6d",a[i][j]);
        printf("\n");
    }
    for(i=0;i<n;i++)
    {
        for(j=0,k=0;j<m;j++)
            if(a[i][j]>a[i][k])
                k=j;                              /* 找出该行最大值 */
        for(l=0;l<n;l++)                      /* 判断a[i][k]是否为该列最小 */
            if(a[l][k]<a[i][k])
                break;                            /* 该列有一个数比a[i][k]小 */
        if(l>=n)          /* 没有比a[i][k]小的数,循环变量l就超过最大值 */
            printf("Point:a[%d][%d]==%d",i,k,a[i][k]);
    }
}
```

【4.16】参考答案:

```
#include <stdio.h>
main()
{
    int i,count=1,a[11];
    for(i=1;i<=10;i++)
        scanf("%d",&a[i]);
    a[0]=0;
    while(1)
    {
        for(i=1;i<=10;i++)
            a[i-1]=a[i-1]/2+a[i]/2;
        a[10]=a[10]/2+a[0];
        for(i=1;i<=10;i++)
            if(a[i]%2==1)
                a[i]++;
```

```
    for(i = 1;i < 10;i++ )
      if (a[i]!= a[i + 1])
        break;
      if (i == 10)
        break;
      else
      {
        a[0] = 0;
        count++ ;
      }
  }
  printf("count = %d    number = %d\n",count,a[1]);
}
```

【4.17】参考答案:

```
#include <stdio.h>
main()
{
  int i,j,k,n,m = 1,r = 1,a[2][100] = {0};
  printf("\nPlease enter n:");
  scanf("%d",&n);
  for(i = 0;i < n;i++ )
  {
    printf("a[0][%d] = ",i);
    scanf("%d",&a[0][i]);
  }
  while(m <= n)                          /*  m 记录已经登记过的数的个数 */
  {
    for(i = 0;i < n;i++ )                /* 记录未登记过的数的大小 */
    {
      if(a[1][i]!=0)                     /* 已登记过的数空过 */
        continue;
      k = i;
      for(j = i;j < n;j++ )              /* 在未登记过数中找最小数 */
        if(a[1][j] == 0 && a[0][j] < a[0][k])
      k = j;
      a[1][k] = r++ ;                    /* 记录名次,r 为名次 */
      m++ ;                              /* 登记过的数增 1  */
      for(j = 0;j < n;j++ )              /* 记录同名次 */
      if(a[1][j] == 0 && a[0][j] == a[0][k])
```

```
            {
                a[1][j] = a[1][k];
                m++;
            }
            break;
        }
    }
    for(i = 0;i < 2;i++)
    {
        for(j = 0;j < n;j++)
            printf("%4d",a[i][j]);
        printf("\n");
    }
}
```

【4.18】参考答案:

```
#include <stdio.h>
main()
{
    char str[10];
    long n = 0;
    int i;
    printf("\nPlease enter a digit:");
    scanf("%s",str);
    i = 0;
    while(str[i] != '\0')
    {
        if(str[i] >= '0' && str[i] <= '9')
            str[i] = str[i] - '0';
        else if(str[i] >= 'A' && str[i] <= 'F')
            str[i] = str[i] - 'A' + 10;
        else if(str[i] >= 'a' && str[i] <= 'f')
            str[i] = str[i] - 'a' + 10;
        else
        {
            printf("input Error!");
            break;
        }
        i++;
    }
```

```
    if(str[i] =='\0')
    {
        i=0;
        while(str[i]!='\0')
            n=n*16+str[i++];
        printf("%ld",n);
    }
}
```

【4.19】参考答案：

```
#include <stdio.h>
main()
{
    int i,n,k=64,a[64];
    for(i=0;i<64;i++)
        a[i] = -1;
    printf("\nPlease enter a digit:");
    scanf("%d",&n);
    while(n>0)
    {
        a[--k] =n%2;
        n =n/2;
    }
    for(i=0;i<64;i++)
    {
        if (a[i] == -1)
            continue;
        printf("%d",a[i]);
        if((i+1)%4 ==0)
            printf(" ");
    }
}
```

【4.20】分析：本题采用位运算中的异或运算实现两个整数的交换。

参考答案：

```
#include <stdio.h>
main( )
{
    int x,y;
    printf("\nPlease enter digit x,y:");
```

```
    scanf("%d,%d",&x,&y);
    x = x^y;
    y = y^x;
    x = x^y;
    printf("%d,%d\n",x,y);
}
```

【4.21】参考答案:

```
#include  <stdio.h>
main()
{
    int i,j,k,m,error;
    for(i =6;i <=2000;i +=2)
    {
        error =1;
        for(j =2;j < i;j++)                /* 穷举法分解 i 为两个素数 j 和 m 之和  */
        {
            for(k =2;k < j;k++)                              /* 检验 j 是否素数  */
                if(j% k ==0)             /* j 能够被小于它的一个数整除就不是素数  */
                    break;
            if(k >= j)                                             /* j 是素数  */
            {
                m = i - j;
                for(k =2;k < m;k++)                          /* 检验 m 是否素数  */
                if(m% k ==0)
                    break;
                if(k >= m)                              /* m 也是素数,输出结果  */
                {
                    printf("%4d  =  %4d  +  %4d\n",i,j,m);
                    error =0;
                    break;
                }
            }
        }
        if(error)
            printf("%4d     error!",error);
    }
}
```

【4.22】参考答案:

```
#include  <stdio.h>
```

```
int a[20],b[20];
main()
{
    int t=0, *m, *n, *k, *j,z,i=0;
    printf("Input number 1:");
    do
    {
        a[++t] = getchar() - '0';
    }while(a[t]!= -38);        /*38 = '0' - 'N' */
    printf("Input number 2:");
    do
    {
        b[++i] = getchar() - '0';
    }while(b[i]!= -38);
    if(t>i)
    {
        m = a + t;n = b + i;j = a;k = b;z = i;
    }
    else
    {
        m = b + i;n = a + t;j = b;k = a;z = t;
    }
    while(m!=j)
    {
        ( * ( --n - 1)) += ( * ( --m) + * n)/10;
        *m = ( *m + *n)%10;
        if(n == k + 1 && *k!=1 )
            break;
        if(n == k + 1 && *k)
        {
            n += 19; *(n - 1) =1;
        }
        if(n > k + z && *(n - 1)!=1)
            break;
    }
    while( *(j++)!= -38) printf("%d", *(j - 1));
        printf("\n");
}
```

【4.23】参考答案：

```
#include <stdio.h>
int a[20],b[20],c[40];
main()
{
    int t=0, *m, *n, *k,f,e=0, *j,i=0;
    printf("Input number 1:");
    do
    {
        a[++t] = getchar() - '0';
    } while(a[t]!= -38);
    printf("Input number 2:");
    do
    {
        b[++i] = getchar() - '0';
    } while(b[i]!= -38);
    j=c;
    for(m=a+t-1;m>=a+1;m--,e++)
    {
        j=c+e;
        for(n=b+i-1;n>=b+1;n--)
        {
            f= *j + *m * *n;
            *(j++) =f%10;
            *j +=f/10;
        }
    }
    while(j>=c) printf("%d", *(j--)) ;
    printf("\n");
}
```

【4.24】参考答案：

```
#include <stdio.h>
int pos[101],div[101];
main()
{
    int m,n,i,j;
    printf("\nPlease input m/n( <0<m<n<=100):");
    scanf("%d%d",&m,&n);
    printf("%d/%d=0.",m,n);
```

```
    for(i = 1;i <= 100;i++ )
    {
      pos[ m ] = i;
      m * = 10;
      div[ i ] = m/n;
      m = m% n;
      if( m == 0)
      {
          for( j = 1;j <= i;j++ )
              printf( "% d",div[ j ] );
          break;
      }
      if( pos[ m ] ! = 0)
      {
          for(  j = 1;j <= i;j++ )
              printf( "% d",div[ j ] );
          printf( "\nloop:start = % d,end = % d",pos[ m ] ,i);
          break;
      }
    }
    printf( "\n");
}
```

【4.25】参考答案:

```
#include  < stdio. h >
main( )
{
    int  i,j,m,s,k,a[ 100 ];
    for( i = 1;i <= 1000;i++  )                         /*  寻找 1000 以内的完数  */
    {
      m = i;s = 0;k = 0;
      while( m > 0)                                         /*  寻找 i 的因子  */
      {
          for( j = 1;j < m;j++ )
          if( m% j == 0)
          {
              s = s + j;
              m = m/j;
              a[ k++ ] = j;
              break;
```

```
                }
                if(j >= m)
                    break;
            }
            if(s + m == i)
            {
                a[k++] = m;
                for(j = 0;j < k;j++)
                    printf("%4d",a[j]);
                printf(" == %4d\n",i);
            }
        }
    }
```

【4.26】参考答案:

```
#include  <stdio.h>
main()
{   int  i,n;
    long  s1 = 0,s2 = 0;
    printf("Please  enter  N:");
    scanf("%d",&n);
    if(n >= 0)
        for(i = n;i <= 2 * n;i++)
            s1 = s1 + i;
    else
        for(i = n;i >= 2 * n;i--)
            s1 = s1 + i;
    i = n;
    if(i >= 0)
        while(i <= 2 * n)
            s2 = s2 + i++;
    else
        while(i >= 2 * n)
            s2 = s2 + i--;
    printf("Result1 = %ld    result2 = %ld\n",s1,s2);
}
```

【4.27】分析:二分法的基本原理是,若函数有实根,则函数的曲线应当在根这一点上与 x 轴有一个交点,在根附近的左右区间内,函数值的符号应当相反。利用这一原理,逐步缩小区间的范围,保持在区间的两个端点处的函数值符号相反,就可以逐步逼近函数的根。

参考答案:

```
#include  <stdio.h>
#include  <math.h>
main()
{
    float  x0,x1,x2,fx0,fx1,fx2;
    do
    {
        printf("Enter  x1,x2:");
        scanf("%f,%f",&x1,&x2);
        fx1 = 2 *x1 *x1 *x1 - 4 *x1 *x1 + 3 *x1 - 6;      /*  求出 x1 点的函数值 fx1  */
        fx2 = 2 *x2 *x2 *x2 - 4 *x2 *x2 + 3 *x2 - 6;      /*  求出 x2 点的函数值 fx2  */
    }while(fx1 * fx2 >0);          /*  保证在指定的范围内有根,即 fx 的符号相反  */
    do
    {
        x0 = (x1 + x2)/2;                                  /*  取 x1 和 x2 的中点  */
        fx0 = 2 *x0 *x0 *x0 - 4 *x0 *x0 + 3 *x0 - 6;      /*  求出中点的函数值 fx0  */
        if((fx0 * fx1) <0)                                 /*  若 fx0 和 fx1 符号相反  */
        {
          x2 = x0;                                         /*  则用 x0 点替代 x2 点  */
          fx2 = fx0;
        }
        else
        {
            x1 = x0;                                       /*  否则用 x0 点替代 x1 点  */
            fx1 = fx0;
        }
    }while(fabs((double)fx0) >= 1e - 5);      /*  判断 x0 点的函数与 x 轴的距离  */
    printf("x = %6.2f\n",x0);
}
```

【4.28】分析:做圆的内接 4 边形,从圆心和 4 边形顶点连接形成 4 个三角形,可以求出每个三角形的面积($r^2/2$)现在我们知道三角形的面积和两个边长(均为半径 a = r、b = r),可以用公式:S = s(s - a)(s - b)(s - c)求出第三边 c。我们将内接 4 边形换为内接 8 边形,原来的三角形被一分为二,故 c/2 就是每个三角形的高,面积又是可以求出的。再将三角形一分为二,……。当三角形的面积求出时,内接多边形的面积就可求出。

参考答案:

```
#include  <stdio.h>
#include  <math.h>
main()
{
```

```
    int  n =4;
    double  r =10,s,cr,c,p;
    s =r * r/2;
    do
    {
        cr =n * s;
        p =16 * r * r * r * r -64 * s * s;
        c =(4 * r * r -sqrt(p))/2;
        c =sqrt(c);
        s =c * r/4;
        n =2 * n;
    }while(n * s -cr >1.0e -10);
    printf("PAI = %lf\n",cr/r/r);
}
```

【4.29】分析:打印此图形用两重循环实现。图形要重复 n 行,故外层循环 n 次,循环体内部打印一行'*'号;在循环体内需要处理的是打印一行 n 个'*'号,在使用一个循环语句打印一行'*'号后,输出一个回车。将上述思路表示如下,可作为打印图形这类程序的基础。

参考答案:

```
#include  <stdio.h>
main()
{   int  i,j,n;
    printf("\nPlease  Enter  n:");
    scanf("%d",&n);
    for(i =1;i <=n;i++)                   /* 外层循环次数决定图形的行数 */
    {
      for(j =1;j <=n;j++)              /* 内层循环次数决定每行打印字符的个数 */
        printf("*");
      printf("\n");                        /* 每行打印完字符后换行 */
    }
}
```

【4.30】分析:此图形和上题的区别在于在每一行先要打印空格,然后再打印'*'号,外层循环体内增加一个打印空格的循环即可。图形中每行空格的个数是逐行减少的,因此打印空格的循环要用一个不随行数改变的数减去一个逐行增加的数,外层循环的控制变量 i 是逐行增 1,而变量 n 不改变,所以用 n - i 实现对空格个数的控制。

参考答案:

```
#include  <stdio.h>
main(  )
{
```

```
    int i,j,n;
    printf("\nPlease Enter n:");
    scanf("%d",&n);
    for(i=1;i<=n;i++)
    {
        for(j=1;j<=n-i;j++)
            printf("#");
        for(j=1;j<=n;j++)
            printf("*");
        printf("\n");
    }
}
```

【4.31】分析:此题和上题的区别在于每行'*'的数量逐行减少,可以使用上题控制空格个数的思路来控制'*'号的个数,请注意每行'*'的个数都是奇数。

参考答案:

```
#include <stdio.h>
main()
{
    int i,j,n;
    printf("\nPlease Enter n:");
    scanf("%d",&n);
    for(i=1;i<=n;i++)
    {
        for(j=1;j<=n-i;j++)
           printf("#");
        for(j=1;j<=2*i-1;j++)
           printf("*");
        printf("\n");
    }
}
```

【4.32】分析:此题图形是第4.31题图形的垂直反转,只要修改上题打印空格和'*'号的循环控制量,使空格数随行增加,而'*'号随行减少。在编程上我们可以变换一个思路。对于图形中的第i行($1 \leqslant i \leqslant n$),共需要输出$2n-i$个字符,其中前面的$i-1$个字符为空格,后面的字符为'*'号。按照这一思路可以编写出如下程序。

参考答案:

```
#include <stdio.h>
main()
{
    int i,j,n;
```

```
    printf("\nPlease Enter n:");
    scanf("%d",&n);
    for( i=1;i<=n;i++ )                    /* 重复输出图形的n行 */
    {
      for( j=1;j<=2*n-i;j++ )        /* 重复输出图形一行中的每个字符 */
          if(j<=i-1)
            printf(" ");                   /* 输出前面的空格 */
          else
            printf("*");                   /* 输出后面的*号 */
      printf("\n");
    }
}
```

【4.33】分析：此题和第4.31题的区别仅是每行的'*'个数增加n-1个。

参考答案：

```
#include <stdio.h>
main( )
{
    int i,j,n;
    printf("\nPlease Enter n:");
    scanf("%d",&n);
    for(i=1;i<=n;i++)
    {
      for(j=1;j<=n-i;j++)
        printf("#");
      for(j=1;j<=2*i-1+(n-1);j++)
        printf("*");
      printf("\n");
    }
}
```

【4.34】分析：对于空心图形，我们可以在题4.31的基础上，对于打印'*'号的循环进行修改，仅在循环开始值(j=1)和循环结束值(j=2×(i-1)+n)时打印'*'号，其他位置都打印空格。

参考答案：

```
#include <stdio.h>
main( )
{
    int i,j,n;
    printf("\nPlease Enter n:");
    scanf("%d",&n);
```

```
    for(i=1;i<=n;i++)
    {
        for(j=1;j<=n-i;j++)
            printf("#");
        for(j=1;j<=2*i-1;j++)
            if(j==1 || j==2*i-1 || i==n)
                printf("*");
            else
                printf("#");
        printf("\n");
    }
}
```

【4.35】分析:程序设计的要点之一就是化简,此题的图形可将其视为两个倒置的三角形,在题4.34程序的基础上进行修改即可得到。注意下方的三角形是没有第一行的。

参考答案:

```
#include <stdio.h>
main()
{
    int i,j,n;
    printf("\nPlease Enter n:");
    scanf("%d",&n);
    for(i=1;i<=n;i++)
    {
        for(j=1;j<=i-1;j++)
            printf(" ");
        for(j=1;j<=2*(n-i)+1;j++)
            if(j==1 || j==2*(n-i)+1)
                printf("*");
            else
                printf(" ");
        printf("\n");
    }
    for(i=1;i<n;i++)
    {
        for(j=1;j<=n-i;j++)
            printf(" ");
        for(j=1;j<=2*i+1;j++)
            if(j==1 || j==2*i+1)
                printf("*");
```

```
            else
                printf(" ");
            printf("\n");
        }
    }
```

【4.36】分析:此题看似复杂,其实与上题有相似之处,区别是每行第一个星号前面没有空格,将程序中每行前导空格的循环删除即可。

参考答案:

```
#include  <stdio.h>
main( )
{
    int i,j,n;
    printf("\nPlease Enter n:");
    scanf("%d",&n);
    for(i=1;i<=n;i++)
    {
        for(j=1;j<=2*(n-i)+1;j++)
            if(j==1 || j==2*(n-i)+1)
                printf("*");
            else
                printf(" ");
            printf("\n");
    }
    for(i=1;i<n;i++)
    {
        for(j=1;j<=2*i+1;j++)
            if(j==1 || j==2*i+1)
                printf("*");
            else
                printf(" ");
            printf("\n");
    }
}
```

【4.37】分析:前面图形都是输出星号,而此题输出的是按一定规律变化的字符,编写程序时可分为两步进行,先输出由星号组成的图形,第二步将原来输出星号处改为输出字符即可。注意输出字符的变化规律。

参考答案:

```
#include  <stdio.h>
main( )
```

```
{   char c;
    int i,j,n;
    do
    {
       printf("\nPlease Enter n,char:");
       scanf("%d,%c",&n,&c);
    }while(c<'A' || c>'Z' && c<'a' || c>'z');
    for(i=1;i<=n;i++)
    {
       for(j=1;j<=n-i;j++)
          printf(" ");
       for(j=1;j<=2*i-1;j++)
          if(j==1 || j==2*i-1)
             printf("%c",c);
          else
             printf(" ");
       c++;
       if(c>'Z' && c<'a' || c>'z')
          c=c-26;
       printf("\n");
    }
    c=c--;
    if(c<'A' || c<'a' && c>'Z')
       c=c+26;
    c=c--;
    if(c<'A' || c<'a' && c>'Z')
       c=c+26;
    for(i=1;i<n;i++)
    {
       for(j=1;j<=i;j++)
          printf(" ");
       for(j=1;j<=2*(n-i)-1;j++)
          if(j==1 || j==2*(n-i)-1)
             printf("%c",c);
          else
             printf(" ");
       c--;
       if(c<'A' || c<'a' && c>'Z')
          c=c+26;
```

```
        printf("\n");
    }
}
```

【4.38】分析:此题的编程思路是第一步先输出由星号组成的正方形,然后将输出星号处改为整型数。此题编程的关键是找到输出整数的规律,此题第一个输出是1,以后每次增加1,故可设置一个变量,初值为1,每输出一个数后将变量加1即可。

参考答案:

```
#include  <stdio.h>
main( )
{
    int  i,j,n,k =1;
    printf("\nPlease  Enter  n:");
    scanf("%d",&n);
    for(i =1;i <= n;i++ )
    {
      for(j =1;j <= n;j++ )
        printf("%4d",k++ );
      printf("\n");
    }
}
```

【4.39】分析:此题编程的关键是找到输出整数的规律,输出数字以对角线为界,对角线上方输出行号,对角线下方输出列号,对角线位置的行列号是相等的。

参考答案:

```
#include  <stdio.h>
main( )
{   int  i,j,n,k =1;
    printf("\nPlease  Enter  n:");
    scanf("%d",&n);
    for(i =1;i <= n;i++ )
    {   for(j =1;j <= n;j++ )
            if(i <= j)
              printf("%3d",i);
            else
              printf("%3d",j);
        printf("\n");
    }
}
```

【4.40】分析:此题与上题相似,区别是输出数字以反对角线为界,反对角线位置的行列号相加相当于图形总行数加1,反对角线上方输出列号,对角线下方输出是按行递减的。

参考答案：

```
#include <stdio.h>
main( )
{  int i,j,n,k=1;
   printf("\nPlease Enter n:");
   scanf("%d",&n);
   for(i=1;i<=n;i++)
   {  for(j=1;j<=n;j++)
        if(i<=n+1-j)
          printf("%3d",j);
        else
          printf("%3d",n-i+1);
      printf("\n");
   }
}
```

【4.41】分析：整个图形是一个正方形，将输出的图形分为4个区域，输出数字的规律是不同的，但是各个分图形是以对角线或反对角线对称的，其输出数字的规律可按上述两题的方法，根据不同的区域分别进行处理。

图3.27表示对6×6的正方图形划分的4个区域。

| | | | | | |
|---|---|---|---|---|---|
| 1 | 1 | 1 | 1 | 1 | 1 |
| 1 | 2 | 2 | 2 | 2 | 1 |
| 1 | 2 | 3 | 3 | 2 | 1 |
| 1 | 2 | 3 | 3 | 2 | 1 |
| 1 | 2 | 2 | 2 | 2 | 1 |
| 1 | 1 | 1 | 1 | 1 | 1 |

图3.27 回形阵分区

如果图形行数为n，i、j是输出的行号和列号，当i、j等于(n+1)/2时是区域分界线的位置，由此分出四个区域：

左上区域，i<=(n+1)/2、j<=(n+1)/2；

右上区域：i<=(n+1)/2、j>(n+1)/2；

左下区域：i>(n+1)/2、j<=(n+1)/2；

右下区域：i>(n+1)/2、j>(n+1)/2。

其中区域划分表达式中的n+1是为了适应n为奇数的情况。

各区域根据不同的规律输出数字。

参考答案：

```
#include  <stdio.h>
main( )
{   int i,j,n;
    printf("\nPlease Enter n:");
    scanf("%d",&n);
    for(i=1;i<=n;i++)
    {
        for(j=1;j<=n;j++)
        {
          if(i<=(n+1)/2)
          {
            if(j<=(n+1)/2)                                    /* 左上区域 */
              if(i<=j)
                printf("%4d",i);
              else
                printf("%4d",j);
            else                                              /* 右上区域 */
              if(i<=n+1-j)
                printf("%4d",i);
              else
              printf("%4d",n-j+1);
          }
          else
          {
              if(j<=(n+1)/2)                                  /* 左下区域 */
                if(i<=n+1-j)
                    printf("%4d",j);
                else
                    printf("%4d",n-i+1);
              else                                            /* 右下区域 */
                if(i<=j)
                    printf("%4d",n-j+1);
                else
                    printf("%4d",n-i+1);
          }
        }
          printf("\n");
    }
}
```

【4.42】分析：此题与上题相似，区别是改为输出英文字母，且输出字符的 ASCII 码值从外围向中心递减。注意此题要求输出大写英文字符，所以对输出的首字符要进行判断。另外当前输出的字符保存在变量 outc 中，如果计算出的 outc 超出大写英文字符范围，则需要返回到字符范围内。

参考答案：

```
#include  <stdio.h>
main( )
{   int i,j,n;
    char ch,outc;
    printf("\nPlease Enter n:");
    do
    {
       scanf("%c%d",&ch,&n);
    }while(ch < 'A'  ||  ch > 'Z');
    for(i = 1;i <= n;i++ )
    {
       for(j = 1;j <= n;j++ )
       {
          if(i <= (n + 1)/2)
          {
            if(j <= (n + 1)/2)                                    /*  左上区域  */
               if(i <= j)
                  outc  =  ch - i + 1;
               else
                  outc  =  ch - j + 1;
            else                                                  /*  右上区域  */
               if(i <= n + 1 - j)
                  outc  =  ch - i + 1;
               else
                  outc  =  ch - (n - j + 1) + 1;
          }
          else
          {
               if(j <= (n + 1)/2)                                 /*  左下区域  */
                  if(i <= n + 1 - j)
                     outc  =  ch - j + 1;
                  else
                     outc  =  ch - (n - i + 1) + 1;
               else                                               /*  右下区域  */
```

```
            if(i <= j)
              outc = ch - (n - j + 1) + 1;
            else
              outc = ch - (n - i + 1) + 1;
          }
          if( outc < 'A' )
            outc = outc + 26;
          printf("%4c",outc);
        }
        printf("\n");
    }
}
```

【4.43】分析:这是一个让人发晕图形。

首先寻找输出数字与行列的关系。因为数字是一行一行输出的,首先分析每行数字的规律。以对角线和反对角线将图形分为4个区域,为叙述方便我们称4个区域为上、下、左、右区,如图3.28所示,图中黑斜体字为对角线上的数字。

上区

| 左区 | | | | | | | | 右区 |
|---|---|---|---|---|---|---|---|---|
| | ***1*** | 2 | 3 | 4 | 5 | 6 | ***7*** | |
| | 24 | ***25*** | 26 | 27 | 28 | ***29*** | 8 | |
| | 23 | 40 | ***41*** | 42 | ***43*** | 30 | 9 | |
| | 22 | 39 | 48 | ***49*** | 44 | 31 | 10 | |
| | 21 | 38 | ***47*** | 46 | ***45*** | 32 | 11 | |
| | 20 | ***37*** | 36 | 35 | 34 | ***33*** | 12 | |
| | ***19*** | 18 | 17 | 16 | 15 | 14 | ***13*** | |

下区

图3.28　螺旋方阵的分区

再考察各区同行从左向右输出数字的规律,上区为增一,下区为减一,而左区、右区分别是增加了一圈或减少一圈数字个数。

例如第四行,输出数字分别是22、39、48,数字39所在的一圈每边4个数字共16个数字,左侧22加上一圈16个数字在加1就是39;同理,数字48所在的一圈共8个数字,则39加8再加1得到48。右区数字31所在行20个数,则31减20再减1得到输出数字10。

每行的第一个数字最易求出,为$4\times(n-1)-i+1$。根据以上分析,得到每行的第一个数字后,由输出数字所在行列号判断所在区域,按相应规律输出即可。

参考答案:

```
#include <stdio.h>
main()
```

```
{   int i,j,k,n,s,m,t;
    printf("Please enter n:");
    scanf("%d",&n);
    for(i=1;i<=n;i++)
    {   s=(i<=(n+1)/2)? 1:3*(n-(n-i)*2-1)+1;
        m=(i<=(n+1)/2)? i:n-i+1;                  /*m-1是外层圈数 */
        for(k=1;k<m;k++)   s+=4*(n-2*k+1);
        for(j=1;j<=n;j++)
        {   if (j>=n-i+1 &&  j<=i)                        /* 下区 */
              t=s-(j-(n-i))+1;
            if (j>=i && j<=n-i+1)                         /* 上区 */
              t=s+j-i;
            if (j>i && j>n-i+1)                           /* 右区 */
              t-=4*(n-2*(n-j+1))+1;
            if(j<i && j<n-i+1)                            /* 左区 */
            {   if(j==1)   t=4*(n-1)-i+2;
                else   t+=4*(n-2*j+1)+1;
            }
            printf("%4d",t);
        }
        printf("\n");
    }
}
```

【4.44】分析:此题输出数字是斜向增加的,分解题目的难度,第一步先确定每行的第一个数字,然后再根据第一个数字确定该行的后续数字。

每行的第一个数字为1、2、4、7、11,它们之差是1、2、3、4,所以由前一行的第一个数字再加上前一行的行号就可得到本行的第一个数字。

每行相邻两个数字的差,第一行是2、3、4、…,第二行是3、4、5、…。同行之间差1,差值每行再增加1,由同行前一个数字就可求出当前要输出的数字。

参考答案:

```
#include  <stdio.h>
main( )
{
    int i,j,m,n,k=1;                         /* k是每行第一个输出值 */
    printf("Please enter m=");
    scanf("%d",&m);
    for(i=1;i<=m;i++)
    {   n=k;                                      /* n是当前输出值 */
        for(j=1;j<=m-i+1;j++)
```

```
            {
                printf("%3d",n);
                n  =  n+i+j;                          /* 计算同行下一个输出值 */
            }
            printf("\n");
            k=k+i;                                    /* 计算下一行的第1个输出值 */
        }
    }
```

【4.45】分析:前面我们已经见到过上下对称的图形,这是一个左右对称的图形,垂直中心线上的数字恰好是行号,在每行位于图形垂直中心线左方的数字是逐渐增加的,而右方是逐渐减小的。j==i是分区的标志,左方输出数字就是列数j,而右方的数字从i开始逐步减小1。

参考答案:

```
#include  <stdio.h>
main()
{  int  i,j;
   for(i=1;i<=9;i++)
   {
      for(j=1;j<=9-i;j++)
         printf("  ");
      for(j=1;j<=i;j++)
         printf("%2d",j);
      for(j=i-1;j>=1;j--)
         printf("%2d",j);
      printf("\n");
   }
}
```

【4.46】参考答案:

```
#include  <stdio.h>
main()
{
     int  i,j;
     for(i=1;i<10;i++)
        printf("%4d",i);
     printf("\n---------------------------------------\n");
     for(i=1;i<10;i++)
     {
        for(j=1;j<10;j++)
           if(j<i)
```

```
            printf("    ");
        else
            printf("%4d" ,i * j);
      printf("\n");
    }
}
```

【4.47】分析:正弦函数自变量 X 轴对应屏幕的列,一个正弦函数的周期为 0°~360°,我们把一个步长定义为 10°,打印时每换一行等于函数的自变量增加 10°,通过函数 sin(x)可求出函数值 y。

屏幕的列宽为 80,y 值为 0 时对应屏幕的第 40 列,y 值的范围在 -1~1,设计成屏幕的第 10~70 列。设计程序时,控制换行的自变量 i 乘以 10 得到正弦函数的 X 值,调用库函数 sin( )求出函数值再乘以 30 输出的列宽,因为我们以屏幕的第 40 列为 0 点,故再加上 40 得到应在屏幕上显示的点。

参考答案:

```
#include  <stdio.h>
#define PAI 3.14159
#include  <math.h>
main( )
{  double x;
   int y,i,yy;
   for(i=1;i<80;i++)                              /* 打印图形的第一行 */
     if(i==40)
       printf("*");                               /* i控制打印的列位置 */
     else
       printf("-");
   printf("\n");
   for(x=10.0;x<=360.0;x+=10.)                    /* 从10度到360度 */
   {
     y = 40+30*sin(x*PAI/180.0);                  /* 计算对应的列 */
     yy = 40>y ? 40:y;                            /* 下一行要打印的字符总数 */
     for(i=1;i<=yy;i++)                           /* 控制输出图形中的一行 */
     {
       if(i==y)
         printf("*");                             /* i控制打印的列位置 */
       else if(i==40)
         printf("|");                             /* 打印中心的竖线 */
       else
         printf(" ");
     }
```

```
        printf("\n");
    }
}
```

【4.48】分析:设计圆形在屏幕上打印 21 行,以 Y 为循环变量,使其在 10 ~ －10 之间变化,则圆的半径 R = 10。当 Y 确定后,根据圆的方程:$X^2 + Y^2 = R^2$,可以求出 X。将圆心设计在第 40 列,则在圆心左右 X 位置打印星号,其余位置打印空格,如图 3.29 所示。

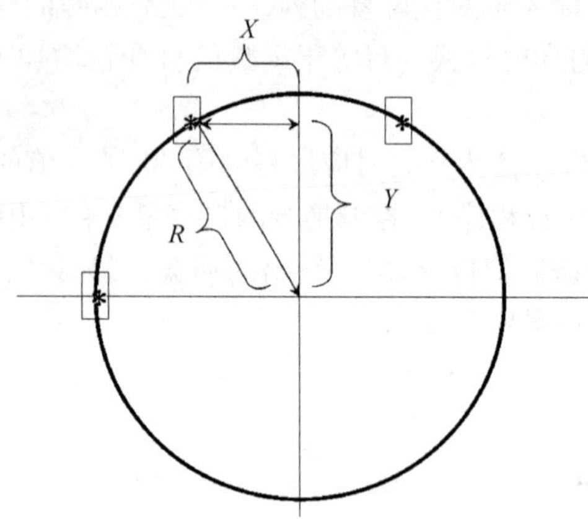


图 3.29　圆形星号位置的确定

因为一个字符在屏幕显示宽占 8 个像素,高为 16 个像素,则将 X 放大二倍就可得到近似的图形。

参考答案:

```
#include  <stdio.h>
#include  <math.h>
main( )
{
  int  x,y,m,k = 2;
  for( y = 10;y >= -10;y-- )                    /* 圆的半径为 10  */
  {
    m  =  k  *  sqrt(100.0 - y *y);             /* 计算行 y 对应的列坐标 m  */
    for( x = 1;x < 30 - m;x++ )
      printf(" ");                              /* 输出圆左侧的空白  */
    printf("*");                                /* 输出圆的左侧  */
    for( ;x < 30 + m;x++ )
      printf(" ");                              /* 输出圆的空心部分  */
    printf("*\n");                              /* 输出圆的右侧  */
  }
}
```

【4.49】参考答案:

```
#include  <stdio.h>
#include  <math.h>
main( )
{
    double  y;
    int  x,m,n,yy;
    for(  yy =0;yy <=20;yy++ )
    {
      y  =  0.1 *yy;
      m  =  acos(1 - y) * 10;
      n  =  45  * (y - 1) + 31;
      for(  x =0;x <=62;x++  )
        if(  x == m  &&  x == n  )
          printf(" + ");
        else  if(x == n)
          printf(" + ");
        else  if(x == m  ||  x == 62 - m)
          printf(" * ");
        else
          printf(" ");
      printf("\n");
    }
}
```

【4.50】分析:按照题目的要求造出一个前两位数相同、后两位数相同且相互间又不同的整数,然后判断该整数是否是另一个整数的平方。

参考答案:

```
#include  <stdio.h>
main( )
{
    int  i,j,k,c;
    for(i =1;i <=9;i++ )                          /*  i:车号前二位的取值  */
      for(j =0;j <=9;j++ )                        /*  j:车号后二位的取值  */
        if(  i!=j  )                              /*  判断两位数字是否相异  */
        {
          k =i * 1000 + i * 100 + j * 10 + j;     /*  计算出可能的整数  */
          for(  c =31;c * c < k;c++ );            /*  判断该数是否为另一整数的平方  */
            if(c * c == k)
              printf("Lorry_No.  is  %d . \n",k); /*  若是,打印结果  */
        }
```

```
}
```

【4.51】分析:此题采用穷举法。

参考答案:

```
#include  < stdio. h >
main( )
{
    int  x,y,z,j =0;
    for( x =0;  x <= 33;  x++ )
      for( y =0;  y <= ( 100 - 3 *x)/2;  y++ )
      {
        z = 100 - x - y;
        if(  z%2 ==0  && 3 *x +2 *y + z/2 == 100)
            printf("%2d:l = %2d  m = %2d  s = %2d\n", ++j,x,y,z);
      }
}
```

【4.52】分析:用穷举法解决此类问题。设任取红球的个数为 i,白球的个数为 j,则取黑球的个数为 8 - i - j,据题意红球和白球个数的取值范围是 0 ~ 3,在红球和白球个数确定的条件下,黑球的个数取值应为 8 - i - j <=6。

参考答案:

```
#include  < stdio. h >
main(  )
{   int  i,j,count =0;
    printf("       RED  BALL     WHITE  BALL     BLACK  BALL\n");
    printf("---------------------------------------------\n");
    for( i =0;i <=3;i++ )                /*  循环控制变量 i 控制任取红球个数 0 ~3  */
      for( j =0;j <=3;j++ )              /*  循环控制变量 j 控制任取白球个数 0 ~3  */
        if( (8 - i - j) <=6)
          printf("%2d:%8d%12d%10d\n", ++count,i,j,8 - i - j);
}
```

【4.53】分析:根据题意,总计将所有的鱼进行了 5 次平均分配,每次分配时的策略是相同的,即扔掉一条后剩下的鱼正好分为 5 份,然后拿走自己的一份,余下其他 4 份。假定鱼的总数为 x,则 x 可以按照题目的要求进行 5 次分配:x - 1 后可被 5 整除,余下的鱼为 4 × (x - 1) ÷ 5。若 x 满足上述要求,则 x 就是题目的解。

参考答案:

```
#include  < stdio. h >
main(  )
{   int  n,i,x,flag =1;                          /*  flag:控制标记  */
    for( n =6;flag;n++ )               /*  采用试探的方法,令试探值 n 逐步加大  */
    {
```

```
    for(x = n,i = 1;flag && i <= 5;i++ )                  /* 判断是否可按要 */
      if((x - 1)%5 == 0)
        x = 4 * (x - 1)/5;                                /* 求进行 5 次分配 */
      else
        flag = 0;               /* 若不能分配则置标记 flag = 0 退出分配过程 */
    if(flag)
      break;                  /* 若分配过程正常,找到结果,退出试探的过程 */
    else
      flag = 1;                                     /* 否则继续试探下一个数 */
  }
  printf("Total number of fish catched = %d\n",n);            /* 输出结果 */
}
```

【4.54】分析:此题采用穷举法。

参考答案:

```
#include <stdio.h>
main( )
{
    int f1,f2,f5,count = 0;
    for(f5 = 0;f5 <= 20;f5 ++ )
      for(f2 = 0;f2 <= (100 - f5 * 5)/2;f2++ )
      {
        f1 = 100 - f5 * 5 - f2 * 2;
        if(f5 * 5 + f2 * 2 + f1 == 100)
          printf("No. %2d >> 5:%2d 2:%2d 1:%2d\n", ++count,f5,f2,f1);
      }
}
```

【4.55】分析:此题采用穷举法。

参考答案:

```
#include <stdio.h>
main( )
{
    long int i,j,k,count = 0;
    for(i = 1;i * i <= 200;i++ )
      for(j = 1;j * j <= 200;j++ )
        for(k = 1;k * k <= 200;k++ )
          if(i * i == (j * j + k * k))
          {
            printf("\nA * A == B * B + C * C:%4ld%4ld%4ld",i,j,k);
            count++ ;
```

```
        }
    printf("\ncount = %ld",count);
}
```

【4.56】分析:此题采用穷举法。可设整数 N 的千、百、十、个位为 i、j、k、m,其取值均为 0 ~9,则满足关系式:$(i\times10^3+j\times10^2+10k+m)\times9=(m\times10^3+k\times10^2+10j+i)$的 i、j、k、m 即构成 N。

参考答案:

```
#include  <stdio.h>
main( )
{   int  i;
    for(i = 1002;i < 1111;i++ )                          /*  穷举四位数可能的值  */
      if(i%10 * 1000 + i/10%10 * 100 + i/100%10 * 10 + i/1000 == i * 9  )
        printf("The  number  satisfied  states  condition  is:%d\n",i);
                                         /*判断反序数是否是原整数的9倍,若是则输出  */
}
```

【4.57】分析:此题采用穷举法。

参考答案:

```
#include  <stdio.h>
main( )
{   int  i,j,n,k,a[16] = {0};
    for(i = 1;i <= 2012;i++ )
    {
        n = i;
        k = 0;
        while(n > 0)                             /*  将十进制数转变为二进制数  */
        {
          a[k++] = n%2;
          n = n/2;
        }
        for(j = 0;j < k;j++ )
          if(a[j]! = a[k - j - 1])    break;
        if(j >= k)
        {
              printf("   %d:",i);
              for (j = 0;j < k;j++ )
                 printf("%2d",a[j]);
              printf("\n");
        }
    }
```

```
}
```

【4.58】参考答案：

```
#include <stdio.h>
main()
{ int i,n,k,a[3],b[3];
  for(i=248;i<=343;i++)
  {
    for(n=i,k=0;n>0;n/=7)
      a[k++]=n%7;
    for(n=i,k=0;n>0;n/=9)
      b[k++]=n%9;
    if (k==3)
      for(n=0;n<k;n++)
        if (a[n]!=b[k-n-1])
          break;
    if (n==k)
      printf("%d\n",i);
  }
}
```

【4.59】分析：类似的问题从计算机算法的角度来说是比较简单的，可以采用最常见的穷举法解决。程序中采用循环穷举每个字母所可能代表的数字，然后将字母代表的数字转换为相应的整数，代入算式后验证算式是否成立即可解决问题。

参考答案：

```
#include <stdio.h>
main( )
{ int p,e,a,r;
  for(p=1;p<=9;p++)                /* 从1到9穷举字母p的全部可能取值 */
    for(e=0;e<=9;e++)              /* 从0到9穷举字母e的全部可能取值 */
      if(p!=e)
        for(a=1;a<=9;a++)          /* 从0到9穷举字母a的全部可能取值 */
          if(a!=p && a!=e)
            for(r=0;r<=9;r++)                /* 从0到9穷举字母r */
              if(r!=p && r!=e && r!=a        /* 四个字母互不相同 */
                && p*1000+e*100+a*10+r-(a*100+r*10+a)
                                        == p*100+e*10+a )
              {
                printf("    PEAR        %d%d%d%d\n",p,e,a,r);
                printf("  -   ARA     -    %d%d%d\n",a,r,a);
                printf("------------------------------\n");
```

```
            printf("    PEA          %d%d%d\n",p,e,a);
        }
}
```

【4.60】分析:据题意,阶梯数满足下面一组同余式:

$$x\equiv1(\mathrm{mod}2)$$
$$x\equiv2(\mathrm{mod}3)$$
$$x\equiv4(\mathrm{mod}5)$$
$$x\equiv5(\mathrm{mod}6)$$
$$x\equiv0(\mathrm{mod}7)$$

参考答案:

```
#include <stdio.h>
main()
{
    int i=1;                                                    /* i为所设的阶梯数 */
    while(!((i%2==1)&&(i%3==2)&&(i%5==4)&&(i%6==5)&&(i%7==0)))
        ++i;                                                    /* 满足一组同余式的判别 */
    printf("Staris_number=%d\n",i );
}
```

【4.61】参考答案:

```
#include <stdio.h>
main( )
{
    int i,n,a;
    for(i=0; ;i++)
    {
        if(i%8==1)
        {
            n=i/8;
            if(n%8==1)
            {
                n=n/8;
                if(n%8==7)
                    a=n/8;
            }
        }
        if(i%17==4)
        {
            n=i/17;
            if(n%17==15)
```

```
            n = n/17;
        }
        if(2 * a == n)
        {
            printf("result = %d\n",i);
            break;
        }
    }
}
```

【4.62】分析:可采用穷举法,依次取1 000以内的各数(设为i),将i的各位数字分解后,根据阿姆斯特朗数的性质进行计算和判断。

参考答案:

```
#include  <stdio.h>
main()
{   int i,t,k,a[4] = {0};
    printf("There are following Armstrong number smaller than 1000:\n");
    for(i = 2;i < 1000;i++)                /* 穷举要判定的数 i 的取值范围 1 ~ 1 000  */
    {
        for(t = 0,k = 1000;k >= 10;t++)    /* 截取整数 i 的各位(从高位向低位)*/
        {
            a[t] = (i%k)/(k/10);               /* 分别赋给 a[0] ~ a[3]  */
            k/ = 10;
        }
        if(a[0] * a[0] * a[0] + a[1] * a[1] * a[1] + a[2] * a[2] * a[2] + a[3] * a[3] * a[3] == i)
                                               /* 判断 i 是否为阿姆斯特朗数  */
            printf("  %d   ",i);               /* 若满足条件,则输出 */
    }
}
```

【4.63】分析:按照亲密数定义,要判断数a是否有亲密数,只要计算出a的全部因子的累加和为b,再计算b的全部因子的累加和为n,若n等于a则可判定a和b是亲密数。计算数a的各因子的算法:用a依次对i(i=1 ~ a/2)进行模运算,若模运算结果等于0,则i为a的一个因子;否则结束对a的因子的计算。

参考答案:

```
#include  <stdio.h>
main(  )
{
    int  a,i,m,n;
    printf("Friendly - numbers  pair  samller  than  3000:\n");
    for(a = 1;a < 3000;a++)                    /* 穷举 3 000 以内的全部整数  */
```

```
    {
        for(m=0,i=1;i<=a/2;i++)
            if(!(a%i))                /* 计算数a的各因子,各因子之和存于m */
                m+=i;
        for(n=0,i=1;i<=m/2;i++)
            if(!(m%i))                /* 计算m的各因子,各因子之和存于n */
                n+=i;
        if(n==a && a<m)               /* 若n=a,则a和m是一对亲密数,输出 */
            printf("    %4d~%4d",a,m);
    }
}
```

【4.64】参考答案:

```
#include <stdio.h>
main()
{
    int a[5],i,t,k;
    for(i=100;i<1000;i++)
    {
        for(t=0,k=1000;k>=10;t++)
        {
            a[t]=(i%k)/(k/10);
            k/=10;
        }
        if(f(a[0])+f(a[1])+f(a[2])==i)
            printf("%d  ",i);
    }
}

f(int m)
{
    int i=0,t=1;
    while(++i<=m)
        t*=i;
    return(t);
}
```

【4.65】分析:任取两个平方三位数n和$n_1$,将n从高向低分解为a、b、c,将$n_1$从高到低分解为x、y、z。判断ax、by、cz是否均为完全平方数。

参考答案:

```
#include <stdio.h>
```

```
#include <math.h>
main( )
{  void f( );
   int i,t,a[3],b[3];
   printf("The possible perfect squares combinations are:\n");
   for(i=11;i<=31;i++)                          /* 穷举平方三位数的取值范围 */
     for(t=11;t<=31;t++)
     {
       f(i*i,a);          /* 分解平方三位数的各位,每位数字分别存入数组中 */
       f(t*t,b);
       if(sqrt(a[0]*10+b[0])==(int)sqrt(a[0]*10+b[0])
                    && sqrt(a[1]*10+b[1])==(int)sqrt(a[1]*10+b[1])
                   && sqrt(a[2]*10+b[2])==(int)sqrt(a[2]*10+b[2]))
                                                  /* 若3个新的数均是完全平方数 */
          printf("    %d and %d\n",i*i,t*t);                      /* 则输出 */
     }
}
void f(n,s)                               /* 分解三位数n的各位数字,将各个数字 */
int n,*s;                            /* 从高到低依次存入指针s所指向的数组中 */
{
    int k;
    for(k=1000;k>=10;s++)
    {
      *s =(n%k)/(k/10);
     k /= 10;
    }
}
```

【4.66】分析:按题目的要求进行分析,数字1一定是放在第一行第一列的格中,数字6一定是放在第二行第三列的格中。在实现时可用一个一维数组表示,前三个元素表示第一行,后三个元素表示第二行。先根据原题初始化数组,再根据题目中填写数字的要求进行试探。

参考答案:

```
#include <stdio.h>
int count;                                                    /* 计数器变量 */
main( )
{
    static int a[ ]={1,2,3,4,5,6};                            /* 初始化数组 */
    printf("The possible table satisfied above conditions are:\n");
    for(a[1]=a[0]+1;a[1]<=5; ++a[1])                  /* a[1]必须大于a[0] */
```

```
        for(a[2]=a[1]+1;a[2]<=5; ++a[2])          /* a[2]必须大于a[1]  */
          for(a[3]=a[0]+1;a[3]<=5; ++a[3])
                                                  /*第二行的a[3]必须大于a[0]  */
            for(a[4]=a[1]>a[3]? a[1]+1:a[3]+1;a[4]<=5; ++a[4])
                                    /* 第二行的a[4]必须大于左侧a[3]和上边a[1]  */
              if(jud1(a))
                print(a);                                 /* 如果满足题意,打印结果  */
}
jud1(int s[ ])                                  /* 判断数组中的数字是否有重复的  */
{
  int i,l;
  for(l=1;l<4;l++)
    for(i=l+1;i<5; ++i)
      if(s[l]==s[i])
        return(0);                              /* 若数组中的数字有重复的,返回0  */
    return(1);                                /* 若数组中的数字没有重复的,返回1  */
}
print(int u[ ])
{
    int k;
    printf("\nNo.:%d", ++count);
    for(k=0;k<6;k++)
      if(k%3==0)                              /* 输出数组的前3个元素作为第一行  */
        printf("\n    %d  ",u[k]);
      else                                    /* 输出数组的后3个元素作为第二行  */
        printf("%d  ",u[k]);
}
```

【4.67】参考答案:

```
#include <stdio.h>
main( )
{
    int i,j,n,temp,a[20]={0};
    printf("\nEnter n:");
    scanf("%d",&n);
    for(i=0;i<n;i++)
    {
      printf("\na[%d]:",i);
      scanf("%d",&a[i]);
    }
```

```
    for(i=0;i<n-1;i++)
      for(j=i+1;j<n;j++)
        if(a[i]>a[j])
        {
          temp=a[i];
          a[i]=a[j];
          a[j]=temp;
        }
    for(i=0;i<n;i++)
      printf("a[%d]:%d ",i,a[i]);
    printf("\n");
}
```

【4.68】参考答案:

```
#include <stdio.h>
main( )
{
    int i,j,n,temp,a[20]={0};
    printf("\nEnter n:");
    scanf("%d",&n);
    for(i=0;i<n;i++)
    {
      printf("\na[%d]:",i);
      scanf("%d",&a[i]);
    }
    for(i=0;i<n-1;i++)
      for(j=0;j<n-i-1;j++)
        if(a[j]>a[j+1])
        {  temp=a[j];
           a[j]=a[j+1];
           a[j+1]=temp;
        }
    for(i=0;i<n;i++)
      printf("a[%d]:%d ",i,a[i]);
    printf("\n");
}
```

【4.69】参考答案:

```
#include <stdio.h>
main( )
{
```

```
    int i,j,k,n,num,a[100] = {0};
    scanf("% d",&n);
    for(i =0;i < n;i++ )
    {
        printf("\na[ % d ]:",i);
        scanf("% d",&num);
        for(j =0;j < i;j++ )
            if(num < a[j])
                break;
        if(j == i)
            a[j] = num;
        else
        {
            for(k = i;k > j;k-- )
                a[k] = a[k -1];
            a[k] = num;
        }
    }
    for(i =0;i < n;i++ )
        printf("a[ %d ]:%d ",i,a[i]);
    printf("\n");
}
```

【4.70】分析:前述的排序方法均改变了数值在数组中原来的位置,有时是不允许改变原数组的,本题采用一个指针数组保存原数组元素的地址,通过改变指针数组元素保存的内容达到排序的目的。

参考答案:

```
#include  < stdio. h >
main( )
{
    int  i,j,k,n,a[100] = {0}, * pa[100] = {0}, * temp;
    scanf("% d",&n);
    for(i =0;i < n;i++ )
    {
        printf("a[ %d ]:",i);
        scanf("%d",&a[i]);
        pa[i] = &a[i];
    }
    for(i =0;i < n -1;i++ )
    {
```

```
        k = i;
        for(j = i + 1;j < n;j++ )
            if( * pa[k] > * pa[j])
                k = j;
        temp = pa[k];
        pa[k] = pa[i];
        pa[i] = temp;
    }
    for(i = 0;i < n;i++ )
        printf("pa[%d]:%d ",i, *pa[i]);
    printf("\n");
}
```

【4.71】参考答案：

```
#include  <stdio.h>

void sort( int c[],int n)                                /* 对数组元素进行排序 */
{
    int i,j,temp;
    for(i = 0;i < n - 1;i++ )
        for(j = i + 1;j < n;j++ )
    if(c[i] > c[j])
    {
        temp  =  c[i];
        c[i]  =  c[j];
        c[j]  =  temp;
    }
    return;
}

int comb(int a[],int b[],int c[],int n,int m)            /* 合并两个数组 */
{
    int i = 0,j = 0,k = 0;
    while( i < m && j < n )                              /* a、b 两个数组未结束 */
        c[k++] = a[i] < b[j]? a[i++]:b[j++];
                                                         /* 两个数组元素中小者送入 c 数组 */
    while( i < m )                                       /* 将 a 数组剩余元素送入数组 c */
        c[k++] = a[i++];
    while( j < n )                                       /* 将 b 数组剩余元素送入数组 c */
        c[k++] = b[j++];
```

```
    for(i=0;i<k-1;i++)                          /* 删除c数组中的同值元素 */
    {  while(c[i+1]==c[i] && i+1<k)
                                    /*后继元素与当前元素相等且数组未结束 */
       {
          for(j=i+1;j<k-1;j++)
             c[j]=c[j+1];                          /* 删除后继的相同元素 */
          k--;                          /* 删除相同元素后c数组总长度减1 */
       }
    }
    return k;
}

main( )
{
    int i,n,m,k,a[100]={0},b[100]={0},c[100]={0};
    printf("\nEnter n:");
    scanf("%d",&n);
    for(i=0;i<n;i++)
       scanf("%d",&a[i]);
    printf("\nEnter m:");
    scanf("%d",&m);
    for(i=0;i<m;i++)
       scanf("%d",&b[i]);
    sort(a,n);                                          /* a数组排序 */
    sort(b,m);                                          /* b数组排序 */
    k=comb(a,b,c,m,n);                          /*将a、b数组合并到c数组*/
    for(i=0;i<k;i++)
       printf("%4d ",c[i]);
    printf("\n");
}
```

【4.72】分析:直接计算阶乘的结果显然超出整型数的范围。此题的关键是如何减少计算中数的规模,注意在计算过程中出现0后,我们可以先行统计0的个数,然后将0从结果中移去,另外,结果仅保存个位数即可,其他位的数不会对0的个数产生影响。

参考答案:

```
#include <stdio.h>
main( )
{
    int i,n=0;
    long s=1;
```

```
    for(i=1;i<=1000;i++)
    {
        s=s*i;
        while(s%10==0)
        {
            s=s/10;
            n++;
        }
        s=s%10;
    }
    printf("n=%d,s=%d\n",n,s);
}
```

【4.73】参考答案:

```
#include <stdio.h>
main()
{
    int i,j,k=0,m=2,s,r=0,a[500];
    printf("%4d  ",m);
    for(i=3;i<=2000;i++)
    {
        for(j=2;j<=i-1;j++)
            if(i%j==0)
                break;
        if(j==i)
        {
            printf("%4d  ",i);
            a[k++]=i-m;
            m=i;
        }
    }
    for(i=0;i<k;i++)
    {
        s=0;
        for(j=i;j<k;j++)
        {
            s=s+a[j];
            if(s>=1898)
                break;
        }
```

```
        if(s == 1898)
          r++;
      }
    printf("\nresult = %d\n",r);
}
```

【4.74】分析:本问题的思路很多,我们介绍一种简单快速的算法。

首先求出三位数中不包含 0 且是某个整数平方的三位数,这样的三位数是不多的。然后将满足条件的三位数进行组合,使得所选出的 3 个三位数的 9 个数字没有重复。程序中可以将寻找满足条件三位数的过程和对该三位数进行数字分解的过程结合起来。

参考答案:

```
#include <stdio.h>
main( )
{
    int a[20],num[20][3],b[10];              /* a:存放满足条件的三位数 */
                  /* num:满足条件的三位数分解后得到的数字,b:临时工作 */
    int i,j,k,m,n,t,flag;
    printf("The 3 squares with 3 different digits each are:\n");
    for(j=0,i=11;i<=31;i++)                  /* 求出是平方数的三位数 */
      if(i%10 != 0)                          /* 若不是 10 的倍数,则分解三位数 */
      {
        k=i*i;                               /* 分解该三位数中的每一个数字 */
        num[j+1][0]=k/100;                   /* 百位 */
        num[j+1][1]=k/10%10;                 /* 十位 */
        num[j+1][2]=k%10;                    /* 个位 */
        if(!(num[j+1][0]==num[j+1][1] || num[j+1][0]==num[j+1][2]
                    || num[j+1][1]==num[j+1][2]))
                                             /* 若分解的三位数字均不相等 */
          a[++j]=k;              /* j:计数器,统计已找到的满足要求的三位数 */
      }
      for(i=1;i<=j-2; ++i)       /* 从满足条件的三位数中选出 3 个进行组合 */
      {
        b[1]=num[i][0];                      /* 取第 i 个数的三位数字 */
        b[2]=num[i][1];
        b[3]=num[i][2];
        for(t=i+1;t<=j-1; ++t)
        {
          b[4]=num[t][0];                    /* 取第 t 个数的三位数字 */
          b[5]=num[t][1];
```

```
            b[6] = num[t][2];
            for(flag = 0,m = 1;! flag && m <= 3;m++ )/*  flag:出现数字重复的标记  */
              for(n = 4;! flag && n <= 6;n++ )
                                        /*  判断前两个数的数字是否有重复  */
                if(b[m] == b[n])
                  flag = 1;                          /*  flag = 1:数字有重复  */
              if(! flag)
                for(k = t + 1;k <= j; ++k)
                {
                  b[7] = num[k][0];               /*  取第 k 个数的三位数字  */
                  b[8] = num[k][1];
                  b[9] = num[k][2];
                            /*  判断前两个数的数字是否与第三个数的数字重复  */
                  for(flag = 0,m = 1;! flag && m <= 6;m++ )
                    for(n = 7;! flag && n <= 9;n++ )
                      if(b[m] == b[n])
                        flag = 1;
                      if(! flag)                  /*  若均不重复则打印结果  */
                        printf("%d,   %d,   %d\n",a[i],a[t],a[k]);
                }
        }
      }
    }
```

【4.75】参考答案:

```
    #include  <stdio.h>
    void outn(  long  n  )
    {
        if(n < 10)
          printf("%d\n",n);
        else
        {
          printf("%d",n%10);
          outn(n/10);                               /*  递归调用输出函数  */
        }
        return;
    }

    main(  )
    {   long  n;
```

```
    scanf("%ld",&n);
    outn(n);
}
```

【4.76】分析:这是一个数值问题,n 的阶乘可以用下述递归公式表示:

$$n! = \begin{cases} 1 & \text{当 } n=0 \text{ 时} \\ n\times(n-1)! & \text{当 } n>0 \text{ 时} \end{cases}$$

参考程序:

```
#include  <stdio.h>
long factorial( int n )
{
    if(n==0)
        return( 1 );
    else
        return( n*factorial(n-1));
}

main( )
{   int n;
    long s;
    scanf("%d",&n);
    s=factorial(n);
    printf("n!==%ld\n",s);
}
```

【4.77】分析:将下述公式经过变形,就可以得到包含递归规律的数学公式。

$$\begin{aligned} px(x,n) &= x - x^2 + x^3 - x^4 + \cdots + (-1)^{n-1}x^n \qquad (n>0) \\ &= x\times(1 - x - x^2 + x^3 - x^4 + \cdots + (-1)^{n-1}x^{n-1} \\ &= x\times[1 - (x - x^2 + x^3 - x^4 + \cdots + (-1)^{n-2}x^{n-1})] \\ &= x\times(1 - px(x,n-1)) \end{aligned}$$

根据上述公式,可以写出递归函数。

参考答案:

```
#include  <stdio.h>
long factorial( int n )
{
    if(n==0)
        return( 1 );
    else
        return( n*factorial(n-1));
}
```

```
main( )
{  int n;
   long s;
   scanf("%d",&n);
   s = factorial(n);
   printf("n! == % ld\n",s);
}
```

【4.78】分析:待转换的十六进制数存放在一个字符串中,变量 M 保存转变过程中的十进制数的高位,变量 R 保存转变后的结果。递归思路是:

```
十六进制数转十进制函数(待转换的字符串)                    /* 函数名:XtoNL */
{
    第一个字符转变为十进制数存于 N;
    已保存的高位 M × 16 + 当前数 N 送入 M;
    如果字符串结束
      返回 M;
    否则
      去除字符串第一个字符递归调用 XtoNL,返回值存于 R;
      返回 R;
}
```

注意变量 R 的设置,因为十进制数在最后一次调用 XtoNL 才能得到并保存在 R 中,通过 return 语句返回到上一次调用,直到返回主函数。

参考答案:

```
#include <stdio.h>
int xtoi( char ch )                    /* 将一个十六进制的字符转变为十进制数 */
{
    int i;
    if( ch >= '0' && ch <= '9')
      i = ch - 48;
    else if( ch >= 'A' && ch <= 'F' )
      i = ch - 55;
    else if( ch >= 'a' && ch <= 'f' )
      i = ch - 87;
    else
      i = -1;
    return( i );
}

long xtonl(char *s)                    /* 将十六进制数转换为十进制数 */
```

```
{
    static long m = 0;                    /* m保存转换过程中的十进制数到过程值 */
    long r;
    int n;                                /* n保存十六进制转变为十进制的数 */
    n = xtoi( *s);                        /* 将十六进制的最高位转变为十进制数 */
    if(n == -1)
        return( n );                      /* 数据错误返回 */
    m = m * 16 + n;                       /* 将当前位得到的十进制数加入过程值 */
    if( *(s+1) == '\0' )                  /* 字符串结束,终止递归 */
        return( m );                      /* 返回结果值 */
    else
    {   r = xtonl(s+1);                   /* 去掉字符串的第一位后递归调用 xtonl 函数 */
        return(r);                        /* 返回结果值 */
    }
}

main( )
{   char str[1000] = {'\0'};
    long int nl;
    scanf("%s",str);                      /* 输入待转换的十六进制数 */
    nl = xtonl(str);                      /* 调用 xtonl 函数 */
    if(nl >0)
        printf("%ld\n",nl);               /* 输出转换后的十进制数 */
    else
        printf("Data is wrong! \n");
}
```

【4.79】参考答案:

```
#include <stdio.h>
pxn( float x,int n )
{
    if(n ==0)
        return(1);
    else  if(n ==1)
        return(x);
    else
        return(((2 * n - 1) *x * pxn(x,n - 1) - (n - 1) * pxn(x,n - 2))/2);
}

main( )
```

```
{
    float  x,r;
    int  n;
    scanf("%f%d",&x,&n);
    r = pxn(  x,n  );
    printf("%f\n",r);
}
```

【4.80】参考答案：

```
#include  <stdio.h>
void  reverse(  char  str[ ]  )
{
    char  * q = str,temp;
    while( * q! = '\0')                          /*  指针 q 指向字符串结束标志  */
      q++ ;
    if(  q - str <= 1  )                         /*  字符串长度小于 2 递归调用结束  */
      return  ;
    q-- ;
    temp  =  *str;                               /*  首字符暂存  */
    *str  =  *q;                                 /*  尾字符存到串首  */
    *q  =  '\0';                                 /*  字符串结束标志前移一个字符位置 */
    reverse(  str + 1  );                        /*  去掉字符串首字符后递归调用字符串反向函数  */
    *q  =  temp;                                 /*  暂存的首字符存到字符串尾  */
    return  ;
}

main(  )
{
    char  s[200];
    scanf("%s",s);
    reverse(  s  );
    puts(  s  );
}
```

【4.81】参考答案：杨辉三角形中的数，正是(x + y)的 N 次方幂展开式中各项的系数。本题作为程序设计中具有代表性的题目，求解的方法很多(可以使用一维数组，也可以使用二维数组)，这里给出一种使用递归求解的方法。

从杨辉三角形的特点出发，可以总结出：

(1)第 N 行有 N + 1 个值(设起始行为第 0 行)；

(2)对于第 N 行的第 J 个值 $A_{N,J}$：  (N >=2)

$$\begin{cases} A_{N,J}=1 & \text{当 } J=1 \text{ 或 } J=N+1 \text{ 时} \\ A_{N,J}=A_{N-1,J-1}+A_{N-1,J} & \text{当 } J!=1 \text{ 且 } J!=N+1 \text{ 时} \end{cases}$$

解题思路是先以输出星号的方式将输出的图形形状调好,然后用递归算法求出某位置需要输出的系数数值,将输出星号处改为输出数值。

参考答案:

```
#include  <stdio.h>
int c(int x,int y )                          /* 求杨辉三角形中第 x 行第 y 列的值 */
{
    int z;
    if((y==1)||(y==x+1))
      return( 1 );                    /* 若为 x 行的第 1 或第 x+1 列,则输出 1 */
    else                     /* 否则;其值为前一行中第 y-1 列与第 y 列值之和 */
      z=c(x-1,y-1)+c(x-1,y);
    return(z);
}

main( )
{
    int i,j,n=13;
    printf("N=");
    while( n>12 )
      scanf("%d",&n);                              /* 最大输入值不能大于 12 */
    for(i=0;i<=n;i++)                                    /* 控制输出 N 行 */
    {
      for(j=0;j<12-i;j++)
        printf("   ");                          /* 控制输出第 i 行前面的空格 */
      for(j=1;j<i+2;j++)
        printf("%6d",c(i,j));                          /* 输出第 i 行的第 j 个值 */
      printf("\n");
    }
}
```

【4.82】分析:题 4.43 给出螺旋方阵的一种解题思路,根据本题图形的特点,我们可以构造一种递归算法。将边长为 N 的图形分为两部分:第一部分为最外层的框架,第二部分为中间边长为 N-2 的图形。

对于边长为 N 的正方形,若其中每个元素的行号为 i($1\leq i\leq N$),列号为 j($1\leq j\leq N$),第 1 行第 1 列元素表示为 $a_{1,1}$(a11=1),则有:

对于最外层的框架可以用以下数学模型描述:

上边: $a_{1,j}=a_{1,1}+j-1$ $(j\neq1)$

右边：$a_{i,N} = a_{1,1} + N + i - 2$ $(i \neq 1)$

下边：$a_{i,1} = a_{1,1} + 4N - i - 3$ $(i \neq 1)$

左边：$a_{N,j} = a_{1,1} + 3N - 2 - j$ $(j \neq 1)$

对于内层的边长为 $N-2$ 的图形可以用以下数学模型描述：

左上角元素：$a_{i,i} = a_{i-1,i-1} + 4(N-2i-1)$ $(i>1)$

若令：$a_{i,j} = \text{fun}(a_{i-1,i-1} + 4(N-2i-1)$，当：$i<(N+1)/2$ 且 $j<(N+1)/2$ 时，min = MIN(i,j)，则有：

$a_{2,2} = \text{fun}(a_{1,1}, \min, \min, n)$

$a_{i,j} = \text{fun}(a_{2,2}, i - \min + 1, j - \min + 1, n - 2 \times (\min - 1))$

我们可以根据上述原理，分别推导出 i 和 j 为其他取值范围时的 min 取值。根据上述递归公式，可以得到以下程序。

参考答案：

```c
#include  <stdio.h>
#define MIN(x,y)  (x>y) ? (y):(x)
fun(int a11,int i,int j,int n)
{
    int min,a22;
    if( i==j && i<=1 )
      return(a11);
    else if( i==j && i<=(n+1)/2)
      return( fun(a11,i-1,i-1,n) +4*(n-2*i+3));
    else if( i==1 && j!=1)
      return( a11+j-1 );
    else if( i!=1 && j==n)
      return( a11+n+i-2 );
    else if( i!=1 && j==1 )
      return( a11+4*n-3-i );
    else if( i==n && j!=1 )
      return( a11+3*n-2-j );
    else
    {
      if(i>=(n+1)/2 && j>=(n+1)/2)
        min = MIN(n-i+1,n-j+1);
      else if(i<(n+1)/2 && j>=(n+1)/2)
        min = MIN(i,n-j+1);
      else if(i>=(n+1)/2 && j<(n+1)/2)
        min = MIN(n-i+1,j);
      else
        min = MIN(i,j);
```

```
    a22 = fun(a11,min,min,n);
    return(fun(a22,i-min+1,j-min+1,n-2*(min-1)));
  }
}
main()
{
  int a11=1,i,j,n;
  printf("Enter n=");
  scanf("%d",&n);
  for(i=1;i<=n;i++)
  {
    for(j=1;j<=n;j++)
      printf("%4d",fun(a11,i,j,n));
    printf("\n");
  }
}
```

【4.83】分析:整型数在计算机中就是以二进制形式存储的,此题的目的仅是为了学习递归程序的编程。

参考答案:

```
#include <stdio.h>
void turn(unsigned int n,int a[],int k)
{
  if(n>0)
  {
    a[k]=n%2;
    return(turn(n/2,a,k-1));
  }
  else
    return;
}
main()
{
  unsigned int n;
  int i,a[16]={0};
  printf("\nPlease enter n:");
  scanf("%ld",&n);
  turn(n,a,15);
  for(i=0;i<16;i++)
  {
```

```
        printf("%d",a[i]);
        if((i+1)%4==0)
            printf(" ");
    }
    printf("\n");
}
```

【4.84】分析：分析题目，我们可以将题目进行抽象，在有放回的前提下，求全部从 m 个不同的元素中任取 n 个元素的排列。根据题目的含义，我们可以用整数 0 ~ m－1 表示这 m 个不同的元素，将要生成的 n 个元素分为两部分：第一个元素和其他 n－1 个元素。如果 n＝1，即要从 m 个元素中任取 1 种，这样有 m 种不同的取法，我们可以直接使用循环完成。若 n＞1，则可以知道，第一个元素一定有 m 种不同的取法，可以针对第一个元素 m 种不同取法中的 1 种，对后面的 n－1 个元素进行同样的（递归）操作即可产生一种新的不同的排列。具体算法描述如下：

```
fun(指向第一个元素的指针,从 m 个元素中,取 n 个元素)
{  for(i=0;i<m;i++)
   {  确定第一个元素的选取方法: =i;
      if(n>1)fun(指向下一个元素的指针,从 m 中,取 n-1 个)
      else 完成一种排列
   }
}
```

根据以上算法分析可以得出程序。

参考答案：

```
#include  <stdio.h>
int  a[10];
fun( int  *p,int  m,int  n )                /* 从 m 个元素中取 n 个存入数组 p 中  */
{
    int  i;                                 /* 用数 0~m-1 表示 m 个不同的元素  */
    for(  i=0;i<m;i++  )                    /* 依次从数 0 开始逐个作为第一个元素  */
    {   *p=i;
        if(n>1)
            fun(p+1,m,n-1);
        else
            print(p);
    }
}
print( int  *p )
{
    int  *q;
    for(  q=a;q<=p;q++  )       /* 输出结果,将整数转换为字母 a 起始的序列  */
```

```
        printf("%c",'a' +  *q);
      printf("\t");
  }
main( )
{   int m,n;
    printf("\nEnter m n:");
    scanf("%d%d",&m,&n);
    fun( a,m,n);
}
```

【4.85】分析:将原数用递归算法转换为二进制数,保存在一个字符数组中然后再用递归方法比较这个字符串是否对称。

参考答案:

```
#include <stdio.h>
void turn( int n,char a[ ] )
{
    if(n >0)
    {
      *a =n%2 +48;                         /*二进制数以字符方式保存*/
      return( turn(n/2,a +1));             /* 递归调用转二进制函数 */
    }
    else
      return;
}

int rorder( char *s )                      /* 判断字符串对称函数 */
{
    char *q =s,temp;
    int f;
    while( *q!='\0')                       /* 指针 q 指向字符串结束 */
      q++ ;
    if(q -s <=1)                           /*字符串长度小于 2 结束递归调用*/
      return(1);                           /* 字符串是对称,返回 1 */
    else
    {
      q -- ;                               /* 指向字符串最后一个字符 */
      if(*s!= *q)                          /* 字符串第一个与最后一个字符不等 */
        return(0);                         /* 字符串不对称,返回 0 */
      else
      {
```

```
            temp = *q;                    /* 将字符串最后一个字符保存 */
            *q = '\0';                    /* 为递归调用剔除最后一个字符 */
            f = rorder(s + 1);            /* 剔除首字符后递归调用判断对称函数 */
            *q = temp;                    /* 恢复最后一个字符 */
            return(f);                    /* 将判断结果返回 */
        }
    }
}

main()
{
    int n,k;
    char a[64] = {0};
    for(n = 1;n <= 1993;n++)
    {
        turn(n,a);                        /* 将 n 转变为二进制数 */
        k = rorder(a);                    /* 判断 a 是否对称 */
        if(k == 1)
            printf("%d:%s\n",n,a);
    }
}
```

【4.86】参考答案：

```
#include <stdio.h>
int n,r,flag;                             /* flag:标志，=0:表示要另起一行 */
combination(int s,int j)                  /* 从 s 开始选 j 个元素 */
{
    int i,k;
    for(i = s;i <= n - j + 1;i++)
    {
        if( flag )
            for(k = 0;k < r - j;k++)
                printf("    ");
        printf("%3d ",i);
        flag = 0;
        if(j > 1)
            combination(i + 1,j - 1);
        else
        {
            putchar('\n');
```

```
            flag = 1;
        }
    }
    return;
}

main( )
{
    int  s;
    printf("Enter  N,R:");
    scanf("% d% d",&n,&r);
    printf("combinations:\n");
    flag = 1;
    combination(1,r);
}
```

【4.87】参考答案:

```
#include "stdio.h"
int chsymm(char  *s)                                    /*  串首串尾字符比较函数  */
{
    char  *q = s,temp;
    int  r;
    while(*s < 'A'  || *s > 'Z'  && *s < 'a'  || *s > 'z')        /*  跳过串首非字母  */
      s++;
    while(*q != '\0')
      q++;
    q--;
    while(*q < 'A'  || *q > 'Z'  &&  *q < 'a'  || *q > 'z')     /*  跳过串尾非字母  */
      q--;
    if( q - s <= 0)                               /*  字符串首尾比较完毕,是回文  */
      return(  1  );
    if(*q  !=   *s  )                          /*  串首与串尾的字母不同,不是回文  */
      return(  0  );
    else
    {
      temp =  *q;                                            /*  暂存串尾的字符  */
       *q = '\0';                                                 /*  切去串尾字符 */
      r = chsymm(s + 1);  /*  切去串首字符后,递归调用串首串尾字符比较函数 */
       *q = temp;                                                /*  串尾字符存回  */
      return(r);
```

```
    }
}

main( )
{
    char s[20];
    int i,f;
    for(i=0;(s[i]=getchar())!='.';i++)
        s[i]='\0';
    f=chsymm(s);
    if(f==1)
      printf("YES\n");
    else
      printf("NO\n");
}
```

【4.88】参考答案:

```
#include <stdio.h>
int symmetric( unsigned int m )                        /* 判断对称数 */
{
    unsigned int b=m,e,r,f=1;
    if(m<10)                                /* 仅剩一位数,故该数是对称数 */
      return( 1 );
    do
    {
      b=b/10;
      f=f*10;                              /* f 保存数的最高位数的放大系数 */
    }while(b>10);                                   /* b 保存数的最高位 */
    e=m%10;                                         /* e 保存数的最低位 */
    if(b!=e)                               /* 最高位与最低位不等,不是对称数 */
      return(0);
    else
    {
      m=m-b*f;                                        /* 剔除数的最高位 */
      m=m/10;                                         /* 剔除数的最低位 */
      r=symmetric( m );               /* 递归调用判断对称数函数,返回值存于 r */
      return( r );
    }
}
```

```
main( )
{
    unsigned int n;
    int f;
        scanf("%u",&n);
    f = symmetric( n );
    if(f == 1)
      printf("YES\n");
    else
      printf("NO\n");
}
```

【4.89】分析:不同排序算法的空间上的开销影响不大。在时间开销方面,主要是对关键字的比较和记录的移动次数不同。

快速排序的基本思想是:确定一个基准数据,将要排序的数据分割成独立的两部分,其中一部分的所有数据都比基准数据小,另外一部分的所有数据都比基准数据大;然后,再按此方法对这两部分数据分别进行快速排序。整个排序过程可以递归进行,以此达到整个数据变成有序序列。下面程序采用递归方法实现快速排序。

参考答案:

```
#include <stdio.h>
#define N 20
swap(int *x,int *y)                           /* 交换指针 x、y 所指向的整型数 */
{
    *x = *x + *y;
    *y = *x - *y;
    *x = *x - *y;
}

qs(int a[],int n)                             /* 对数组 a 中保存的 n 个整数排序 */
{
    int i,m, *p, *q;
    if(n>2)
    {   m=n/2;                                /* 确定 m 为基准元素的下标 */
        swap(&a[0],&a[m]);                    /* 将基准元素移到数组首位 */
        p=&a[1];                              /* 指针 p 指向要排序的第一个元素 */
        q=&a[n-1];                            /* 指针 q 指向要排序的最后一个元素 */
        do
        {
            while(*p<a[0] && p<q)
                                              /* p 指向的元素小于基准元素且在 q 指针前 */
```

```
            p++;                                             /* p指针后移 */
            while(*q > a[0] && q > p)
                                    /* q指向的元素小于基准元素且在p指针前 */
            q--;                                             /* q指针前移 */
          if(p < q)                     /* p指向在q之前。p指向的元素 */
            swap(p,q);   /* 大于基准、q指向的元素小于基准,两元素交换 */
      }while(p < q);
      if(*p > *a)
          p--;
      swap(a,p);                                    /* 将基准元素换掉相应位置 */
      m = p - a;
      qs(a,m);        /* 小于基准元素的部分递归调用qs函数进行快速排序 */
      qs(p,n - m);    /* 大于基准元素的部分递归调用qs函数进行快速排序 */
    }
    else
    {
      if(n == 2 && a[0] > a[1]) /* 欲排序的元素只有两个时,结束递归调用 */
        swap(a,a + 1);
      return;
    }
}

main( )
{
    int i,n,a[N];
    printf("\nEnter n:");
    scanf("%d",&n);
    for(i = 0;i < n;i++)
    {
      printf("a[%d] = ",i);
      scanf("%d",&a[i]);
    }
    qs(a,n);                                          /* 调用qs函数进行排序 */
    for(i = 0;i < n;i++)
      printf("\na[%d] = %d",i,a[i]);
}
```

【4.90】汉诺塔(Hanoi)问题是一个著名的问题,其来源据说是在约19世纪末欧洲的商店中出售一种智力玩具,在一块铜板上有3根柱,最左边的A柱上自上而下、由小到大顺序串着由64个圆盘构成的塔,游戏的目的是将最左边A柱上的圆盘,借助中间的B柱,全

部移到最右边的C柱上,条件是一次仅能移动一个盘,且不允许大盘放在小盘的上面,如图3.30所示。

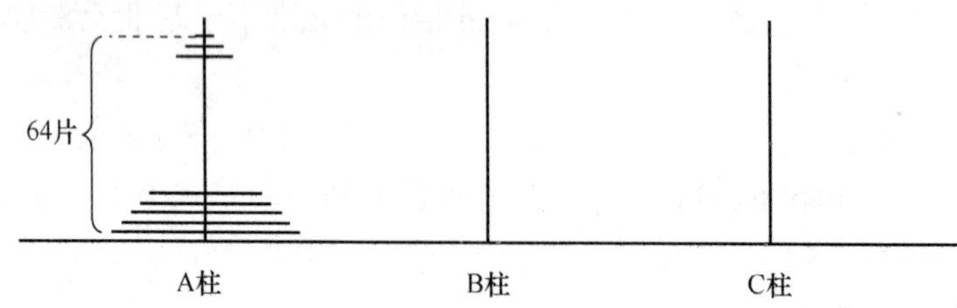


图3.30　汉诺塔问题示意图

用递归算法解汉诺塔问题的思路是:

将X片从A柱借助B柱移到C柱

(1)将A柱上面的X-1片,借助C柱移到B柱上,最大的一片留在A柱上;

(2)将A柱上的最大片移到目的柱C柱上;

(3)将暂放在B柱上的X-1片,借助A柱移到目的柱C柱上。

X-1片的移动仍按上述步骤进行,如果只有1片,移到C柱上,程序结束。

注意hanoi函数的4个参数的含义,第一个参数是待移动的总片数;第二个参数保存出发柱号、第三个参数存中间柱号、第四个参数存目的柱号。在主函数第一次调用hanoi函数时,变量one中存字符'A',变量two存字符'B',变量three存字符'C'。在hanoi函数中第一次递归调用hanoi时,n-1片插在'A'柱上,要借助'C'移到'B'柱上,所以这次调用时,3个字符参数的顺序是one,three,two,因为参数one里存着字符'A',参数three里存着字符'C',参数two里存着字符'B'。

参考答案:

```
#include  <stdio.h>
long i;                                                    /* i:移动次数 */
void move(int n,char getone,char putone)
{                  /* n:待盘片号 getone:该片所在柱 putone:该片移到的目的柱 */
    printf("%6ld  -(%d)  %c --> %c\n",i,n,getone,putone);
}


void hanoi(int n,char one,char two,char three)              /* 汉诺塔问题 */
{       /* n:待移动的片数,one:存出发柱号,two:存中间柱号,three:存目的柱号 */
    if(n==1)
    {
      i++;                                               /* 移动次数增加1次 */
      move(n,one,three);                  /* 移动第n片,one存该片所在柱号, */
    }                                            /* three存该片移动目的柱号 */
    else
    {
      hanoi(n-1,one,three,two);                          /*将上面的X-1片移开 */
```

```
        i++ ;
        move(n,one,three);                       /* 将最大片移到目的柱 */
        hanoi(n-1,two,one,three);                /* 将 X-1 片移到目的柱 */
    }
}

main()
{
    int m;
    printf("Input the number of disk:");
    scanf("%d",&m);                              /* 输入待移动的总片数 */
    hanoi(m,'A','B','C');                        /* 调用汉诺塔函数 */
}
```

【4.91】参考答案：

```
#include <stdio.h>
#define N 100
main( )
{
    int i=0;
    char sa[N],sb[N];
    printf("Input the string:");
    scanf("%s",sa);
    while((sb[i]=sa[i])!='\0')
        i++;
    puts(sb);
}
```

【4.92】参考答案：

```
#include <stdio.h>
#define N 100
main( )
{
    char sa[N], *q=sa;
    printf("Input the string:");
    scanf("%s",sa);
    while( *q!='\0')
        q++;
    printf("Length of The string is %d",q-sa);
}
```

【4.93】分析：下面给出的字符串连接程序，是为了配合字符数组的学习而写，随着对 C 语言学

习的深入,可以编写更精炼的字符串连接程序。

参考答案:

```
#include <stdio.h>
#define N 100
main( )
{
    char s[N],t[N], *p = s, *q = t;
    int i = 0,j = 0;
    printf("Input first string;");
    while((s[i] = getchar( )) != '\n')
      i++;
    s[i] = '\0';
    printf("Input second string;");
    while((t[j] = getchar( )) != '\n')
      j++;
    t[j] = '\0';
    j = 0;
    while((s[i] = t[j]) != '\0')
    {
      i++;
      j++;
    }
    puts(s);
}
```

【4.94】参考答案:

```
#include <stdio.h>
#define N 100
main( )
{
    int k,m,i;
    char sa[N] = {'\0'}, *p, *q;
    gets(sa);
    printf("\nPlease enter K,M  = ");
    scanf("%d,%d",&k,&m);
    p  =  &sa[k - 1];
    q  =  &sa[k + m - 1];
    if(*p == '\0' ||  *q == '\0')
      printf("\nError\n");
    else
```

```
        while(*p++ == *q ++ )
    puts(sa);
}
```

【4.95】参考答案:

```
#include  <stdio.h>
#define N 100
combine(char sa[ ],char sb[ ])
{
    char  *pa, *pb = sb, *q;
    while(*pb!='\0')                                /*  处理pb所指向的字符  */
    {
      pa = sa;
      while(*pb > *pa  &&  *pa!='\0')
                                    /*  pb所指向的字符大于pa所指向的字符 */
        pa++ ;                                  /*  pa指向下一个字符  */
      if(*pa =='\0')  /*  pa已指向字符串结束标志,pb所指向的字符插在尾部  */
      {
        *pa++= *pb;
        *pa ='\0';
      }
      else  if(*pa > *pb)
      {
        q = sa;
        while(*q!='\0')
          q++ ;
        *(q +1) ='\0';
        while(q!=pa)                   /*  现pa所指位置及以后的字符都后移一位 */
        {
          *q = *(q -1);
          q-- ;
        }
        *pa = *pb;                      /*  pb所指向的字符插入pa所指向的位置 */
      }
      pb++ ;
    }
    return;
}
main()
{   char  a[N],b[N];
```

```
    printf("\nEnter string a:");
    gets(a);
    printf("\nEnter string b:");
    gets(b);
    combine(a,b);
    puts(a);
}
```

【4.96】分析:程序的关键是怎样判断一个单词。由单词的定义已知它是用空格、制表符或换行符分隔开的,两个字符之间没有空格、制表符或换行符,则认为是一个单词中的两个字符。

参考答案:

```
#define EOF  -1
#define YES 1
#define NO  0
#include <stdio.h>
main( )                          /* 对输入的行、字符和单词进行计数统计 */
{
    int c,nl,nc,nw,inword;
    inword = NO;       /* inword = NO  已处理的最后一个字符是空格、\t 或\n */
                       /* inword = YES 已处理的最后一个字符不是空格、\t 或\n */
    nl = nc = nw = 0;                          /* 行、字符、字计数器置 0 */
    while((c = getchar()) != EOF)
    {
        ++nc;                                  /* 进行字符计数 */
        if(c == '\n' )
            ++nl;                              /* 进行行计数 */
        if(c == '\t' || c == '\n' || c == ' ')
            inword = NO;     /* 如果读入的字符是空格、\t 或\n,则置 inword 为 NO */
        else                              /* 读入的字符不是空格、\t 或\n */
            if(inword == NO)              /* 如果前一个字符是空格、\t 或\n */
            {
                inword = YES;        /* 则读入的字符为一个单词的第一个字符 */
                ++nw;                     /*置 inword 为 YES,进行单词计数 */
            }
    }
    printf("Lines = %d\nWords = %d\nChars = %d\n",nl + 1,nw,nc);
                                                   /* 输出结果 */
}
```

【4.97】参考答案:

```
#include  <stdio.h>
#define N 100
int countsub( char  *str,char  *ss )
{
    char  *q;
    int i  =  0,count =0;
    while(*str)
    {
      if(*str ==*ss)              /*  主字符串当前字符与子字符串第一个字符相同 */
      {
        q = ss;
        while(  *q  )
          if(  *str ==*q  )         /* 主字符串后续字符与子字符串后续字符相同 */
            str++ ,q++ ;
          else
            break;
        if(  *q == '\0'  )                /*  子字符串结束说明主串中包含子串 */
        {
          i++ ;                                        /* 当前包含数加 1  */
          if(  i > count  )
            count = i;                                 /*  保存最大包含数  */
        }
        else
          i =0;                           /*  主串不包含子串,当前包含数清零  */
      }
      else
        ++str;
      i =0;
    }
    return  count;
}
main(  )
{
    char  s1[N] = {0},s2[N] = {0};
    gets(s1);
    gets(s2);
    printf("%d\n",countsub(s1,s2)  );
}
```

【4.98】分析:下面程序中,使用 gets 函数输入字符串是因为字符串中可能包含有空格。在此

之前调用 scanf 读入字符串个数时,格式说明中要有'\n',这是输入整数后所敲的回车键,由 scanf 函数处理,否则回车键保存在键盘缓冲区,当调用 gets 函数时,会当作一个字符串输入结束来看待。

参考答案:

```
#include  <stdio.h>
#include  <string.h>
#define N 50
#define M 10
main()
{
    char stemp[N],name[M][N];
    int n,i,j;
    printf("Enter string's number:");
    scanf("%d\n",&n);
    for(i=0;i<n;i++)
      gets(name[i]);
    for(i=0;i<n-1;i++)
      for(j=i+1;j<n;j++)
          if(strcmp(name[i],name[j])>0)
          {
            strcpy(stemp,name[i]);
            strcpy(name[i],name[j]);
            strcpy(name[j],stemp);
          }
      for(i=0;i<n;i++)
        puts(name[i]);
}
```

【4.99】参考答案:

```
#include  <stdio.h>
#define N 50
main( )
{
    char s1[N],s2[N], *p, *q;
    int i=1;
    gets(s1);
    gets(s2);
    p=s1;
    q=s2;
    while(*p!='\0')
```

```
        p++ ;
      while( (*p++ = *q++ ) ! = '\0')  ;                    /* 将 s2 接于 s1 后面 */
      p = s1;
      while(*p! = '\0')                                     /* 扫描整个字符串 */
      {
        if(*p == ' ')                                       /* 当前字符是空格进行移位 */
        {
          while(*(p + i) == ' ')                            /* 寻找当前字符后面的第一个非空格 */
              i++ ;
          if(*(p + i) ! = '\0')
          {
             *p = *(p + i);                                 /* 将非空格移于当前字符处 */
             *(p + i) = ' ';                                /* 被移字符处换为空格 */
          }
          else
             break;                                         /* 寻找非空格时到字符串尾,移位过程结束 */
        }
        p++ ;
      }
      puts(s1);
   }
```

【4.100】分析:程序中函数 cmult 的形参是结构类型,函数 cmult 的返回值也是结构类型。在运行时,实参 za 和 zb 为两个结构变量,实参与形参结合时,将实参结构的值传递给形参结构,在函数计算完毕之后,结果存在结构变量 w 中,main 函数中将 cmult 返回的结构变量 w 的值存入到结构变量 z 中。这样通过函数间结构变量的传递和函数返回结构类型的计算结果完成了两个复数相乘的操作。

参考答案:

```
#include  <stdio.h>
struct  complx
{
     int  real;                                             /* real 为复数的实部 */
     int  im;                                               /* im 为复数的虚部 */
};
struct  complx  cmult(za,zb)           /* 计算复数 za × zb,函数的返回值为结构类型 */
struct  complx  za,zb;                                      /* 形式参数为结构类型 */
{
     struct  complx  w;
     w.real  =  za.real  *  zb.real  -  za.im  *  zb.im;
     w.im  =  za.real  *  zb.im  +  za.im  *  zb.real;
```

```
    return(w);                           /* 返回计算结果,返回值的类型为结构 */
}
void cpr(za,zb,z)                        /* 输出复数 za×zb=z */
struct complx za,zb,z;                   /* 形式参数为结构类型 */
{
    printf("(%d+%di)*(%d+%di)=",za.real,za.im,zb.real,zb.im);
    printf("(%d+%di)\n",z.real,z.im);
}
main( )
{
    struct complx x,y,z;
    x.real=10;
    x.im=20;
    y.real=30;
    y.im=40;
    z=cmult(x,y);
    cpr(x,y,z);
}
```

【4.101】参考答案:

```
struct student                           /* 结构定义 */
{
    int no;
    int mk;
};
void rank( struct student *s[ ],int n )  /* 成绩排序 */
{
    struct student *p;
    int i,j,k;
    for(i=0;i<n;i++)
      for(j=i+1;j<=n;j++)
        if(s[i]->mk<s[j]->mk)
        {
          p=s[i];
          s[i]=s[j];
          s[j]=p;
        }
    return;
}
void pt( struct student *s[ ],int n )    /* 输出名次 */
```

```
{
    int m,count,i,k;
    for(m=1,count=1,i=0;i<n;i++)
    {
      if( s[i]->mk > s[i+1]->mk )
                                        /* 输出当前名次、分数、同分数的人数 */
      {
        printf("\n%3d:%4d%4d No.  ",m,s[i]->mk,count);
        for(k=i-count+1;k<=i;k++)           /* 输出该分数下的学号 */
        {
          printf("%03d ",s[k]->no);
          if((k-(i-count))%10==0 && k!=i)       /* 超过10人换行 */
            printf("\n                  ");
        }
        count=1;
        m++;
      }
      else
        count++;                              /* 同分数的人数加1 */
    }
}

main()
{
    int i;
    struct student stu[100],*s[100];
    printf("\nPlease enter mark(if mark<0 is end)\n");
    for(i=0;i<100;i++)
    {
      printf("No. %03d==",i+1);
      scanf("%d",&stu[i].mk);
      s[i]=&stu[i];
      stu[i].no=i+1;
      if(stu[i].mk<=0)
        break;
    }
    rank(s,i);                                /* 按分数排序 */
    pt(s,i);                                  /* 输出名次情况 */
}
```

【4.102】参考答案:

```
#include  <stdio.h>
struct time
{
        int hour;
        int minute;
        int second;
};
main( )
{   struct time now;
    printf("Please enter now time(HH,MM,SS) = \n");
    scanf("%d,%d,%d",&now.hour,&now.minute,&now.second);
    now.second++;
    if(now.second==60)
    {
      now.second=0;
      now.minute++;
    }
    if(now.minute==60)
    {
      now.minute=0;
      now.hour++;
    }
    if(now.hour==24)
      now.hour=0;
    printf("\nNow is %02d:%02d:%02d",now.hour,now.minute,now.second);
}
```

【4.103】参考答案:

```
#include  <stdio.h>
main( )
{
     struct date                                        /* 在函数中定义结构类型 date */
     {
        int   year,month,day;
     };
     struct date today;                                 /* 说明结构变量 today */
     printf("Enter today date(YYYY/MM/DD):");
     scanf("%d/%d/%d",&today.year,&today.month,&today.day);
     printf("Today:%d/%d/%d\n",today.month,today.day,today.year);
```

```
}
```

【4.104】参考答案:

```
#include  <stdio.h>
struct table
{
    char input,output;
} translate[ ] = {'a','d','b','w','c','k','d',';','e',
                  'i','i','a','k','b',';','c','w','e'};
main( )
{
    char ch;
    int str_long,i;
    str_long = sizeof(translate)/sizeof(struct table);         /* 计算元素个数 */
    while((ch = getchar( )) != '\n')
    {
        for(i = 0;translate[i].input != ch && i < str_long;i++ )
        if(i < str_long)
            putchar(translate[i].output);                      /* 加密输出 */
        else
            putchar(ch);                                       /* 原样输出 */
    }
}
```

【4.105】参考答案:

```
#define NUM 10
struct book                                                    /* 定义结构 book */
{
    char  name[20];                                            /* 书名 */
    float price;                                               /* 单价 */
};

sortbook(term,pbook,count)                      /* 用插入排序法插入新输入的书 */
struct book term;                          /* 形参 term:结构变量,保存新输入的书 */
struct book  *pbook;                            /* 形参 pbook:结构数组首地址 */
int count;                                  /* 形参 count:数组中已存入的本数 */
{
    int i;
    struct book  *q, *pend = pbook;
    for(i = 0;i < count;i++ ,pend++ ) ;
    for( ;pbook < pend;pbook++ )
```

```
        if(pbook -> price > term. price)           /* 新书价格低于 pbook 指向的书 */
            break;
    for( q = pend - 1;q >= pbook;q-- )
        *(q + 1) = *q;                /* pbook 指向的书及后续书都后移一位 */
    *pbook = term;                             /* 在 pbook 处插入新元素 term */
}

printbook(pbook)
struct book *pbook;
{
    printf("% -20s%6. 2f\n",pbook -> name,pbook -> price);
}

main( )
{
    struct book term,books[NUM];
    int count;                                 /* 数组 books 的元素计数器 */
    for(count = 0;count < NUM;)
    {
        printf("Enter Name and Price. book %d =",count + 1);
        scanf("% s% f",term. name,&term. price);
        sortbook(term,books,count++ );
    }
    printf("---------------------- BOOK LIST ----------------------\n");
    for(count = 0;count < NUM;count++ )
        printbook(&books[count]);              /* 传递数组中 1 个元素的地址 */
}
printbook(pbook)
struct book *pbook;
{   printf("% -2 0s%6. 2f\n",
                pbook -> name,pbook -> price);
}
```

【4. 106】参考答案:

```
#include "stdio. h"
struct strnum
{
    int i;                                     /* 保存该字符重复次数 */
    char ch;                                   /* 保存一种字符 */
}
```

```
main( )
{
    char c;
    int i=0,k=0;
    struct strnum s[100] = {0,NULL};
    while((c=getchar( ))!='\n')
    {
      for(i=0;s[i].i!=0;i++)
      {
        if(c==s[i].ch)                          /* 找到已存字符 */
        {
          s[i].i++;                             /* 出现次数加1 */
          break;
        }
      }
      if(s[i].i==0)                             /* 一种新字符 */
      {
        s[k].ch=c;                              /* 保存这个字符 */
        s[k++].i=1;
      }
    }
    i=0;
    while(s[i].i>0)
    {
      printf("%c=%d   ",s[i].ch,s[i].i);
      i++;
    }
}
```

【4.107】参考答案:

```
#include <stdio.h>
#include <stdlib.h>
struct card
{
    int pips;              /* 牌的数字 从1到13。1:A,11:J,12:Q,13:K */
    char suit;             /*牌的花色 C:梅花 D:方块 H:红心 S:黑桃 */
};
struct card
deck[ ] = {{1,'C'},{2,'C'},{3,'C'},{4,'C'},{5,'C'},{6,'C'},{7,'C'},
          {8,'C'},{9,'C'},{10,'C'},{11,'C'},{12,'C'},{13,'C'},
```

```
        {1,'D'},{2,'D'},{3,'D'},{4,'D'},{5,'D'},{6,'D'},{7,'D'},
            {8,'D'},{9,'D'},{10,'D'},{11,'D'},{12,'D'},{13,'D'},
        {1,'H'},{2,'H'},{3,'H'},{4,'H'},{5,'H'},{6,'H'},{7,'H'},
            {8,'H'},{9,'H'},{10,'H'},{11,'H'},{12,'H'},{13,'H'},
        {1,'S'},{2,'S'},{3,'S'},{4,'S'},{5,'S'},{6,'S'},{7,'S'},
            {8,'S'},{9,'S'},{10,'S'},{11,'S'},{12,'S'},{13,'S'}
                                };                    /* 初始化一副牌 */

shuffle(deck)                                   /* 模拟人工洗牌的过程函数 */
struct card deck[ ];                            /* 形式参数传递整个数组 */
{
    int i,j;
    randomize( );                               /* 调用函数对随机函数初始化 */
    for( i=0;i<52;i++ )
    {
      j = rand( ) % 52;         /* 从52张牌中随机选择1张与第i张交换 */
      swapcard(&deck[i],&deck[j]);              /* 以元素地址为实参 */
    }
}
swapcard(p,q)                                   /* 交换两张牌函数 */
struct card *p, *q;                             /* 形参为指向结构的指针 */
{
    struct card temp;
    temp = *p;
    *p = *q;
    *q = temp;
}

main( )
{
    int i;
    shuffle(deck);                              /* 以结构数组名为实参调用函数 */
    for( i=0;i<52;i++ )
      if(i%13 ==0)
        printf("\nNo. %d:",i/13 +1);
      else
        printf("%c%2d,",deck[i].suit,deck[i].pips);
}
```

【4.108】分析:排序采用了递归方法,每次调用排序函数时,找到这轮的数值域最小的结点,将

其移到这轮的第一的位置。第一次调用时函数实参输入的是头结点，这轮将最小的结点排到链表第一个结点的位置，再次调用时，函数实参输入的是头结点后面一个结点，则这轮找到次小的结点，将其排在前面，实际是整个链表第二的位置。照此处理，直到链表结束。

参考答案：

```
SNODE  *sortnode(SNODE  *h)
{
    SNODE  *p = h, *q = h;
    if(h! = NULL)                                   /*  链表非空，做以下处理  */
    {
      while(p -> next! = NULL)                      /*  查找最小结点  */
      {
        if(p -> next -> num < q -> next -> num)
          q = p;                                    /*  q 指向最小结点前面一个结点  */
        p = p -> next;
      }
      p = q -> next;                                /*  p 指向本轮的最小结点  */
      q -> next = q -> next -> next;                /*  将本轮最小结点从链表中剔除  */
      p -> next = h -> next;                        /*  将原来第一个结点连接到最小结点的后面 */
      h -> next = p;                                /*  将最小结点与前面的结点连接 */
      sortnode(h -> next);
    }
    return  h;
}
```

【4.109】参考答案：

```
SNODE  *overtnode(SNODE  * h)
{
    SNODE  *s = h, *p = h, *q = h, *t = h -> next;
                                                    /*  t 指向起始时的第一个结点 */
    do
    {
      p = s;
      while(p -> next -> next! = NULL)              /*  p 指向链表的倒数第二个结点  */
        p = p -> next;
        q = p -> next;                              /*  q 指向链表的尾结点  */
        p -> next = NULL;                           /*  原倒数第二个结点为尾结点  */
        q -> next = s -> next;                      /*  q 所指向的结点前插至相应位置 */
        s -> next = q;
        s = q;
```

```
    } while(p!=t);              /* 起始时的首结点不是尾结点,循环继续 */
    return h;
}
```

【4.110】参考答案:

```
SNODE *splitlist(SNODE *h,int n)
{
    int i;
    SNODE *p=h, *head, *q;
    head =( SNODE * ) malloc(sizeof(SNODE));
    head -> num = -1;
    head -> next = NULL;
    for(i=1;i<n;i++)
                  /* p指向拆分结点的前一个结点,是第一个链表的尾结点 */
      p = p -> next;
    head -> next = p -> next;          /* 拆分点作为第二个链表的首结点 */
    p -> next = h -> next;
                  /* 第一个链表的尾结点与原首结点相连,形成环形链表 */
    q = head;
    while(q -> next!= h -> next)         /* 找到第二个链表的尾结点 */
      q = q -> next;
    q -> next = head -> next;    /* 与第二个链表的首结点相连,形成环形链表 */
    return head;
}
```

【4.111】参考答案:

```
SNODE *inslist(SNODE *h1,SNODE *h2)
{
    int i;
    SNODE *p=h1, *q;
    h2 = h2 -> next;
    while(h2!=NULL)
    {
      q=h2;                                  /* q指向待插入的结点 */
      h2=h2 -> next;                   /* 剔除待插入链表中q指向的结点 */
      while(q -> num < p -> next -> num)     /* 根据数值域大小寻找插入点/
        p=p -> next;    /* p所指向的结点和后继结点之间插入q指向的结点 */
      q -> next = p -> next;               /* 后继结点接在q指向的结点后 */
      p -> next = q;                   /* q指向的结点接在p所指向的结点 */
      p=h1;
    }
```

```
    return h1;
}
```

【4.112】分析：这是约瑟夫问题，求这个问题，先建立一个环形的单向链表，报数的过程就是从链表中删除结点的过程。

```
#include "stdio.h"
struct boy
{
    int no;
    struct boy  *next;
};
struct boy  *setlinklist(int n)                         /*  建立单向环形链表 */
{
    int i;
    struct boy  *t, *q, *head = NULL;
    for(i = 1;i <= n;i++)
    {
      t  = (struct boy  * )malloc(sizeof(struct boy));
      if(head  ==  NULL)
        head  =  t;
      else
        q -> next  =  t;
      t -> no  =  i;
      q = t;
    }
    t -> next  =  head;
    return(head);
}

int findlast(struct boy  *head,int m,int r)
{
    int i;
    struct boy  *t = head, *q = head;
    for(i = 1;i < m;i++)                                /*  t 指向第一个开始报数者  */
      t = t -> next;
    while(  t  !=  t -> next  )
    {
      for(i = 1;i < r;i++)                              /*  报数循环 */
      {
        q = t;                                          /*  q 指向报数者前面一人  */
```

```
            t = t -> next;
        }
        q -> next = t -> next;                               /* 删除 t 指向者 */
        t = q -> next;                                       /* t 指向下次报数者 */
    }
    return( t -> no );
}
main( )
{   int i,n,m,r;
    struct boy  *head;
    printf("Input n,m,r:");
    scanf("%d,%d,%d",&n,&m,&r);
    head = setlinklist(n);
    printf("%d\n",findlast(head,m,r));
}
```

【4.113】参考答案：

```
#include  <stdio.h>
#define   SIZE 3
struct student                                               /*  定义结构  */
{
    long num;
    char name[10];
    int   age;
    char address[10];
} stu[SIZE],out;

void fsave( )
{
    FILE  *fp;
    int i;
    if((fp = fopen("student","wb")) ==  NULL)   /*  以二进制写方式打开文件  */
    {
      printf("Cannot open file.\n");                /*  打开文件的出错处理  */
      exit(1);                                      /*  出错后返回,停止运行  */
    }
    for(i =0;i < SIZE;i++ )        /* 将学生的信息(结构)以数据块形式写入文件 */
      if(fwrite(&stu[i],sizeof(struct student),1,fp)  != 1  )
        printf("File write error.\n");              /*  写过程中的出错处理  */
    fclose(fp);                                     /*  关闭文件  */
```

```
}
main( )
{
    FILE  *fp;
    int   i;
    for( i = 0; i < SIZE; i++ )                  /* 从键盘读入学生的信息(结构)*/
    {
    printf("Input  student  %d:",i + 1);
    scanf("%ld%s%d%s",&stu[i]. num,stu[i]. name,
                      &stu[i]. age,stu[i]. address);
    }
    fsave( );                                    /* 调用函数保存学生信息 */
    fp  =  fopen("student","rb");                /* 以二进制读方式打开数据文件 */
    printf("     No.     Name          Age    Address\n");
    while( fread( &out, sizeof( out), 1, fp) )   /* 以读数据块方式读入信息 */
      printf("%8ld  % -10s  %4d    % -10s\n",out. num,out. name,
                                   out. age,out. address);
    fclose( fp);                                 /* 关闭文件 */
}
```

【4.114】参考答案:

```
#include  <stdio. h>
main(  )
{
    FILE  *fp;
    char  str[100],filename[15];
    int  i;
    if( ( fp = fopen("test","w") )  ==  NULL)
    {
      printf("Cannot  open  the  file. \n");
      exit(0);
    }
    printf("Input  a  string:");
    gets( str);                                  /* 读入一行字符串 */
    for( i = 0; str[i]  &&  i < 100; i++ )       /* 处理该行中的每一个字符 */
    {
      if( str[i] >= 'a'  &&  str[i]  <= 'z')     /* 若是小写字母 */
        str[i] -= 'a' - 'A';                     /* 将小写字母转换为大写字母 */
      fputc( str[i],fp);                         /* 将转换后的字符写入文件 */
    }
```

```
    fclose(fp);                                   /* 关闭文件 */
    fp = fopen("test","r");                       /* 以读方式打开文本文件 */
    fgets(str,100,fp);                            /* 从文件中读入一行字符串 */
    printf("%s\n",str);
    fclose(fp);
}
```

【4.115】参考答案：

```
#include "stdio.h"
FILE  *fp;
main( )
{
    int c,d;
    if((fp = fopen("d:\\vc\\test8.c","r")) == NULL)
      exit(0);
    while((c = fgetc(fp)) != EOF)
      if( c =='/' )                        /* 如果是字符注释的起始字符'/' */
        if((d = fgetc(fp)) == '*')         /* 则判断下一个字符是否为'*' */
          in_comment();                    /* 调用函数处理(删除)注释 */
        else                               /* 否则原样输出读入的两个字符 */
        {
          putchar(c);
          putchar(d);
        }
      else
        if( c =='\'' || c =='\"')          /* 判断是否是字符'或"*/
          echo_quote(c);                   /* 调用函数处理字符'或"包含的字符 */
        else
          putchar(c);
}

in_comment( )
{
    int c,d;
    c = fgetc(fp);
    d = fgetc(fp);
    while( c!='*' || d!='/' )
    {                              /* 连续的两个字符不是 * 和 / 则继续处理注释 */
      c = d;
      d = fgetc(fp);
```

```
    }
}

echo_quote(int c)                          /* c中存放的是定界符'或" */
{
    int d;
    putchar(c);
    while((d = fgetc(fp)) != c)        /* 读入下一个字符判断是否是定界符c */
    {
      putchar(c);                      /* 当不是定界符c时继续循环 */
      if(d == '\\')                    /* 若出现转义字符\ */
        putchar(fgetc(fp));            /* 则下一个字符不论是什么均原样输出 */
    }
    putchar(d);
}
```

【4.116】参考答案:

```
#include <stdio.h>
#include <stdlib.h>
main( )                                    /* 猜数程序 */
{
    int magic;                             /* 计算机"想"的数 */
    int guess;                             /* 人猜的数 */
    int counter;
    magic = rand( );                       /* 通过调用随机函数任意"想"一个数 */
    guess = magic - 1;                     /* 初始化变量guess的值 */
    counter = 0;                           /* 计数器清零 */
    while(magic != guess)
    {
      printf("guess the magic number:");
      scanf("%d",&guess);                  /* 输入所猜的数 */
      counter++;
      if(guess > magic)
        printf("**** Wrong ****  too hight\n");
      else if(guess < magic )
        printf("**** Wrong ****  too low\n");
    }
    printf("**** Right **** \n");
    printf("guess counter is %d\n",counter);
}
```

【4.117】参考答案:

```
#include  < stdio. h >
int  a[14];
main( )
{
    int i,n,j = 1;                  /*  j:数组(盒子)下标,初始时为 1 号元素  */
    printf("The original order of cards is:");
    for(i = 1;i <= 13;i++ )                /*  i:要放入盒子中的牌的序号  */
    {
      n = 1;                                 /*  n:空盒计数器  */
      do
      {
        if(j > 13)
          j = 1;                   /*  j 超过最后一个元素则指向 1 号元素  */
        if(a[j])
          j++ ;                         /*  跳过非空的盒子,不计数  */
        else
        {
          if(n == i)
            a[j] = i;                     /*  若数到第 i 个空,则放入  */
          j++ ;
          n++ ;                                  /*  对空盒计数,*/
        }                                  /*  下标指向下 1 个盒子  */
      } while(n <= i);                       /*  控制空盒计数为 i  */
    }
    for(i = 1;i <= 13;i++ )                      /*  输出牌的排列顺序  */
      printf("%d ",a[i]);
}
```

【4.118】分析:马步遍历问题是一个使用数组解决较复杂问题的典型题目。

棋盘如图 3.31 所示,图中箭头表示一个棋子从[4、3]点跳到[5、5]点。为了下面叙述的方便,将 I、J 表示棋子起跳点的行、列号,X、Y 表示落子点的行、列号。

首先我们讨论如何从起跳点坐标求出可能的落子点的坐标。

从某点起跳,棋子最多可能有 8 个落子点,例如从 I = 4、J = 3 点起跳,8 个可能的落子点的坐标是[5、5]、[5、1]、[6、2]、[6、4]、[2、4]、[2、2]、[3、1]、[3、5]。将起落点的行列坐标分开考虑,则由起点的行坐标分别与下列 8 个数相加,就可得到可能的 8 个落子点的行坐标:1、2、2、1、-1、-2、-2、-1,将这 8 个数存入数组 b,即:

b[ ] = {1,2,2,1, -1, -2, -2, -1},

落子点的行坐标 X 和起跳点行坐标有如下关系:

$$X = b[k] + I \qquad 1 \leqslant k \leqslant 8$$

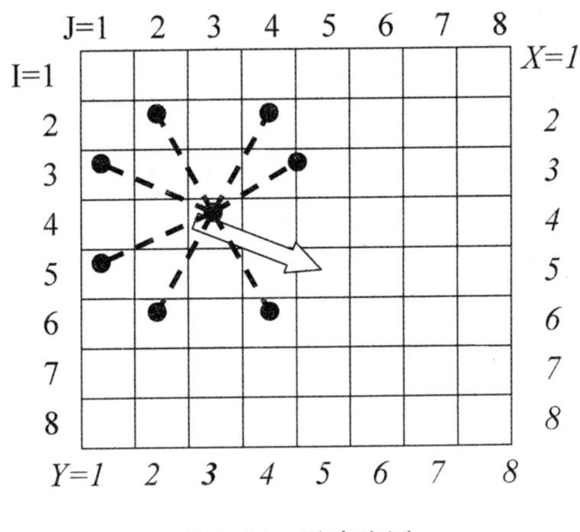


图 3.31 马步遍历

如果由上式计算得到的落子点 X 的坐标值小于 0 或大于 8,则表示落在棋盘之外,应予舍弃。

同理得到起落点之间的列坐标关系数组是:

d[ ] = {2,1, -1, -2, -2, -1,1,2}。

我们再讨论落子点的度数问题。对于棋盘中的某一点来说,周围最多有 8 个方向的棋子在这个点落子,把可能的落子数称为度数,棋盘上各点的度数如图 3.32 所示。

| 2 | 3 | 4 | 4 | 4 | 4 | 3 | 2 |
|---|---|---|---|---|---|---|---|
| 3 | 4 | 6 | 6 | 6 | 6 | 4 | 3 |
| 4 | 6 | 8 | 8 | 8 | 8 | 6 | 4 |
| 4 | 6 | 8 | 8 | 8 | 8 | 6 | 4 |
| 4 | 6 | 8 | 8 | 8 | 8 | 6 | 4 |
| 4 | 6 | 8 | 8 | 8 | 8 | 6 | 4 |
| 3 | 4 | 6 | 6 | 6 | 6 | 4 | 3 |
| 2 | 3 | 4 | 4 | 4 | 4 | 3 | 2 |

图 3.32 度数表

根据题意,一个点只能落子一次,所以落过子的点的度数应记为 0,可跳向度数为 0 点的度数相应要减 1。

根据上述数组,从一个起跳点出发,可能求出数个可以落子点的坐标,跳棋时到底确定落在这些点中的哪一个呢?我们确定一个原则是落在度数最少的点。如果可能落子点中有两个点的度数一样且都为度数最少时,取后求出的点为落子点。因此,如果改变数组 b、d 中数的存放顺序,遇到两个度数最少点的先后顺序就要改变,整个跳棋路径就可改变。

在下面的程序中,将起落子行列关系的两个一维数组合并为一个二维数组,为了提高程序的可读性,不使用下标为 0 的数组元素。

参考程序:

```
#include  <stdio.h>
int base[9][3] = {0,0,0,              /* 从起跳点求落脚点的基础系数数组 */
                  0,1,2,
                  0,2,1,
                  0,2, -1,
                  0,1, -2,
                  0, -1, -2,
```

```
                    0, -2, -1,
                    0, -2,1,
                    0, -1,2};
main( )
{
    int a[9][9],object[9][9];
    int i,j,k,p,x,y,m,n,cont;
    int min,rm1,rm2,rm0 = 1;
    for(cont = 1;cont >0;)
    {
      for(i =0;i <=8;i++ )                          /* 保存各点度数的数组清零 */
        for(j =0;j <=8;j++ )
          a[i][j] =0;
      rm1 = base[1][1];                            /* 改变基础数组元素排列顺序 */
      rm2 = base[1][2];
      base[1][1] = base[rm0][1];
      base[1][2] = base[rm0][2];
      base[rm0][1] =  rm1;
      base[rm0][2] =  rm2;
      for(i =1;i <=8;i++ )
      {
        for(j =1;j <=8;j++ )                       /* 计算各点度数存入数组 a */
        {
          for(p =1;p <=8;p++ )
          {
              x = i + base[p][1];
              y = j + base[p][2];
              if(x >=1 && x <=8 && y >=1 && y <=8)
                a[x][y] ++;
          }
          printf(" %d",a[i][j]);                  /* 输出度数表 */
        }
        printf("\n");
      }
      printf("Please Input start position:line,colume = ? \n");
      scanf("%d,%d",&i,&j);                        /* 输入起跳点坐标 */
      for(k =1;k <=63;k++ )                        /* 求棋盘上 63 个落步点 */
      {
        object[i][j] =k;                           /* 跳步路径存入数组 object */
```

```
    min = 10;
    for(p = 1;p <= 8;p++ )          /* 求从当前起跳点出发的8个可能落点 */
    {
      x = i + base[p][1];
      y = j + base[p][2];
      if(x >= 1  &&  x <= 8  &&  y >= 1  &&  y <= 8)
                                              /* 求出的可能落点在棋盘内 */
        if(a[x][y]!=0)                           /* 此点没有落过棋子 */
        {
          a[x][y]--;              /* 由于[i、j]点落过棋子,此点度数减1 */
          if(min > a[x][y])             /* 判断当前可能点度数是否最小 */
          {
            min = a[x][y];                  /* 保存可能最小度数点的度数 */
            m = x;                          /* 保存可能最小度数点的坐标 */
            n = y;
          }
        }
    }
    a[i][j] =0;                           /* 落过棋子的[i、j]点度数为零 */
      i = m;                   /* 已求出的最小度数点为下次搜寻的起跳点 */
      j = n;
  }
  object[i][j]  =  64  ;
  for(i = 1;i <= 8; ++i)                         /* 输出跳步结果路径 */
  {
    for(j = 1;j <= 8;j++ )
      if(j == 8)
          printf("%2d",object[i][j]);
    else
      printf("%2d    ",object[i][j]);
    printf("\n");
    if(i!=8)
      printf("  \n");                            /* 每行输出8个数据 */
  }
  rm0% =8;                       /* 放在基础数组第一位的元素循环变化 */
  rm0 ++ ;                             /* 基础数组下一元素放在第一位 */
  printf("continue? (1 or 0)");
  scanf("%d",&cont);
}
```

```
}
```

【4.119】分析:采用试探法求解。

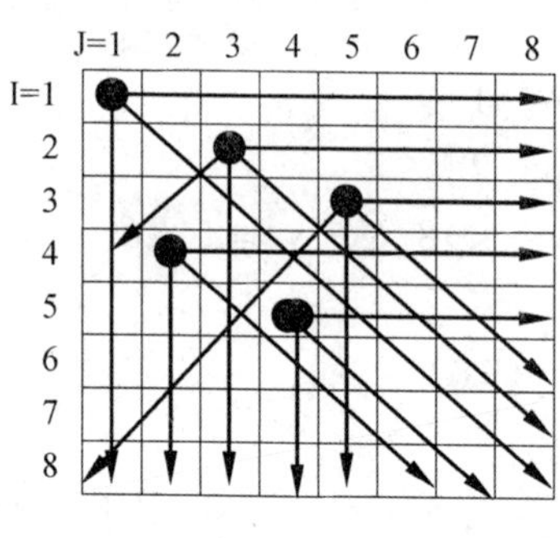


图 3.33　八皇后问

如图 33 所示,用 I、J 表示行、列坐标。

开始棋盘为空,对于第 1 个皇后先占用第一行即 I=1,先试探它占用第一列 J=1 位置,则它所在的行、列和斜线方向都不可再放其他皇后了,用线将它们划掉。第 2 个皇后不能放在 J=1、2 的位置,试 J=3。第 2 个皇后占用[2、3]后,它的行列和斜线方向也不可再放其他皇后。第 3 个皇后不能放在 J=1、2、3、4 的位置,试 J=5。第 4 个皇后可以试位置[3、5],第 5 个皇后试位置[5、4]。第 6 个皇后已经没有可放的位置(棋盘上所有格子都已占满),说明前面所放位置不对。

退回到前一个皇后 5,释放它原来占用的位置[5、4],改试空位置[5、8]。然后再前进到第 6 个皇后,此时仍无位置可放,退回到第 5 个皇后,它已没有其他位置可选择。进一步退回到第 4 个皇后释放位置[3、5]改试位置[7、5],再前进到第 5 个皇后进行试探,如此继续,直到所有 8 个皇后都选择一个合适的位置,即可打印一个方案。

然后从第 8 个皇后开始,改试其他空位置,若没有可改选的空位置,则退回到第 7 个皇后改试其他位置,若也没有空位置可改,继续退,直到有另外的空位置可选的皇后。将它原来占用的位置释放,改占其他新位置,然后前进到下一个皇后进行试探,直到所有 8 个皇后都找到合适位置,又求出一个解,打印输出新方案。按此方法可得到 92 个方案。

参考答案:

```
#include  <stdio.h>
#define NUM 8
int  a[NUM+1];
main()
{
    int number,i,k,flag,nonfinish=1,count=0;
    i=1;
    a[1]=1;
    while(nonfinish)
```

```
{
  while(nonfinish && i <= NUM)
  {
    for(flag = 1,k = 1;flag && k < i;k++ )
      if(a[k] == a[i])
        flag = 0;
    for(k = 1;flag && k < i;k++ )
      if((a[i] == a[k] - (k - i)) || (a[i] == a[k] + (k - i)))
        flag = 0;
    if(! flag)
    {
      if(a[i] == a[i - 1])
      {
        i-- ;
        if(i > 1 && a[i] == NUM)
          a[i] = 1;
        else if(i == 1 && a[i] == NUM)
          nonfinish = 0;
        else
          a[i]++ ;
      }
      else if(a[i] == NUM)
        a[i] = 1;
      else
        a[i]++ ;
    }
    else if( ++i <= NUM )
          if(a[i - 1] == NUM)
            a[i] = 1;
          else
            a[i] = a[i - 1] + 1;
  }
  if(nonfinish)
  {
      printf("\n%2d:", ++count);
      for(k = 1;k <= NUM;k++ )
        printf("  %d",a[k]);
      if(a[NUM - 1] < NUM)
        a[NUM - 1]++ ;
```

```
                else
                    a[NUM-1]=1;
                i=NUM-1;
            }
        }
    }
```

# 参考文献


[1] 李凤霞. C语言程序设计教程［M］. 第3版. 北京：北京理工大学出版社，2011.

[2] 谭浩强. C程序设计［M］. 北京：清华大学出版社，1991.

[3] 陈朔鹰，陈英. C语言程序设计基础教程［M］. 北京：兵器工业出版社，1994.

[4] 陈朔鹰，陈英，乔俊琪. C语言程序设计习题集［M］. 北京：人民邮电出版社，2003.

[5] 田淑清，周海燕，张宝森，齐华山. C语言程序设计辅导与习题集［M］. 北京：中国铁道出版社，2000.

[6] 李书涛. C语言程序设计教程［M］. 北京：北京理工大学出版社，1993.

[7] 李鑫，白雪. Visual C ++ 6.0 编程基础与范例［M］. 北京：电子工业出版社，2000.

[8] 门槛创作室. Visual C ++ 6.0 实例教程［M］. 北京：电子工业出版社，1999.